室内设计 新视点·新思维·新方法丛书

朱淳 / 丛书主编

OFFICE SPACE INTERIOR DESIGN

办公空间设计

余卓立 / 编著

化学工业出版社

·北京·

《室内设计新视点·新思维·新方法丛书》编委会名单

丛书主编：朱 淳
丛书编委（排名不分前后）：余卓立　郭　强　王乃霞　王乃琴
　　　　　　　　　　　　　周红旗　黄雪君　陆　玮　张　毅

　　本书依据当前办公空间室内设计的前沿，力图从理论与实践两个方向对办公空间室内设计的知识进行梳理与阐述。书中系统地阐述了办公空间室内设计的发展状况、设计程序、常用材料、照明设计等，亦对国内外优秀的相关作品案例进行了分析。

　　本书适用于环境设计、室内设计、艺术设计专业的普通高等院校及应用型本科院校的师生，对相关的从业人员也有一定的参考价值。

图书在版编目(CIP)数据

办公空间设计 / 余卓立编著. —北京：化学工业出版社，2020.2（2025.2重印）
（室内设计新视点·新思维·新方法丛书 / 朱淳主编）
ISBN 978-7-122-35890-5

Ⅰ.①办… Ⅱ.①余… Ⅲ.①办公室－室内装饰设计 Ⅳ.①TU243

中国版本图书馆CIP数据核字(2019)第298788号

责任编辑：徐　娟　　　　　　　装帧设计：余卓立
责任校对：杜杏然　　　　　　　封面设计：刘丽华

出版发行：化学工业出版社（北京市东城区青年湖南街13号　邮政编码100011）
印　　装：涿州市般润文化传播有限公司
889mm×1194mm　1/16　印张10　字数200千字　2025年2月北京第1版第6次印刷

购书咨询：010-64518888　　　　　售后服务：010-64518899
网　址：http://www.cip.com.cn
凡购买本书，如有缺损质量问题，本社销售中心负责调换。

定　　价：68.00元　　　　　　　　　　　　　　　　版权所有　违者必究

丛 书 序

人类对生存环境做出主动的改变，是文明进化过程的重要内容。

在创造着各种文明的同时，人类也在以智慧、灵感和坚韧，塑造着赖以栖身的建筑内部空间。这种建筑内部环境的营造内容，已经超出纯粹的建筑和装修的范畴。在这种室内环境的创造过程中，社会、文化、经济、宗教、艺术和技术等无不留下深刻的烙印。因此，室内环境营造的历史，其实包含着建筑、艺术、装饰、材料和各种技术的发展历史，甚至包括社会、文化和经济的历史，几乎涉及了构成建筑内部环境的所有要素。

工业革命以后，特别是近百年来，由技术进步带来观念的变化，尤其是功能与审美之间关系的变化，是近代艺术与设计历史上最为重要的变革因素，由此引发了多次与艺术和设计相关的改革运动，也促进了人类对自身创造力的重新审视。从19世纪末的"艺术与手工艺运动"（Arts & Crafts Movement）所倡导的设计改革，直至今日对设计观念的讨论，包括当今信息时代在室内设计领域中的各种变化，几乎都与观念的变化有关。这个领域的发展：从空间、功能、材料、设备、营造技术到当今各种信息化的设计手段，都是建立在观念改变的基础之上的。

在不同设计领域的专业化都有了长足进步的前提下，室内设计教育的现代化和专门化出现在20世纪的后半叶。"室内设计"（Interior Design）这一中性的称谓逐渐替代了"室内装潢"（Interior Decoration），名称的改变也预示着这个领域中原本占据主导的艺术或装饰的要素逐渐被技术、功能和其他要素取代了。

时至今日，现代室内设计专业已经不再是仅用"艺术"或"技术"即能简单地概括了。它包括对人的行为、心理的研究；时尚和审美观念的了解；建筑空间类型的多种改变；对功能与形式的重新认识；技术与材料的更新，以及信息化时代不可避免的设计方法与表达手段的更新等一系列的变化，无不在观念上彻底影响着室内设计的教学内容和方式。

本丛书的编纂正是基于这样的前提之下。本丛书除了注重各门课程教学上的特点外，更兼顾到同一专业方向下曾经被忽略的一些课程，如室内绿化及微景观；还有从用户心理与体验来研究室内设计的课程，如环境心理学；以及作为室内设计主要专项拓展的课程，如办公空间设计；同时也更加注重各课程之间知识的系统性和教学的合理衔接，从而形成室内设计专业领域内，更专业化、更有针对性的教材体系。

本丛书在编纂上以课程教学过程为主导，通过文字论述该课程的完整内容，同时突出课程的知识重点及专业知识的系统性与连续性，在编排上辅以大量的示范图例、实际案例、参考图表及优秀作品鉴赏等内容。本丛书能够满足各高等院校环境设计学科及室内设计专业教学的需求，同时也对众多的从业人员、初学者及设计爱好者有启发和参考作用。

　　本丛书的出版得到了化学工业出版社领导的倾力相助，在此表示感谢。希望我们的共同努力能够为中国设计铺就坚实的基础，并达到更高的专业水准。

　　任重而道远，谨此纪为自勉。

朱　淳

2019年7月

目录
contents

第 1 章 概述

　　随着时代的进步，办公空间作为人们日常生活的一个部分，从冰冷的钢筋混凝土结构变成了充满人文情怀的空间，从单纯追求高效率、高品质变成了追求精神层面的愉悦。本章从办公空间的发展历程与沿革开始讲述办公空间的过去、现在及未来的发展可能。

1.1　办公空间的发展历程与沿革

1.1.1　早期的办公空间

　　最早，办公空间和商业空间一样是为人们提供可以满足建立相关交易需要的场所。中世纪早期，西方利比里亚半岛统治阶级通过黄金交易获得地区统治权，如图1-1中人物击掌以示成交。

　　中国古代的办公空间常常是官邸式的，住宅和办公场所同建一处，即"前堂后室"或"前堂后寝"（见图1-2），和现在所谓的SOHO（1.2.1中定义）有些相近。"堂"类似于厅，是处理文件的地方，类似于现在的办公室中的会议室、办公室，后面才是居住空间。这种空间只有衙门、官员的住宅才有。居民的"前堂后室"中的"堂"则可理解为现在家居空间中的书房空间。

　　中国早在明朝中后期（15世纪中叶）已经产生了商业经济。尤其在万历年间，在苏州从事织布与印染的工人达数千以上；景德镇制瓷业的佣工，每日不下数万人；另有数量众多的雇工，从事着造纸、炼铁等行业。雇佣业的产生带来了工人，工人自然需要工作的场所，办公空间就诞生了。

图1-1　人物击掌以示成交

图1-2　中国古代的"前堂后室"，住宅和办公场所同在一处

西方的办公空间萌芽是由18世纪末到19世纪初欧洲的工业革命带来的。工业革命使得社会经济从手工农业经济转向机械工业经济。大规模的机械工业生产带动了能源、运输、商业、金融和管理等各方面的发展，越来越多的机构和企业需要建立办公室，以应对处理各种事务和管理性工作（见图1-3）。这是现代办公室的来源。

1.1.2　市场经济发展后的办公空间

工业文明时期，公司的利润产生于车间，但公司的业务、管理、行政等功能却可以脱离车间，需要更为合适的场所，因而诞生了作为辅助部分的写字楼。随着市场经济的发展，写字楼的空间设计需求慢慢由实用的物质需求转向以体现公司的实力与等级为目的的精神需求。

我国写字楼的发展分为以下几个阶段。

1.1.2.1　普通型商务写字楼（20世纪50～70年代末）

普通型商务写字楼是指计划经济体制下的行政办公楼或一些国有企业在工厂内建成的小办公楼。一般高度只有4～6层，单层面积较大，少则两三千平方米，多则上万平方米；层高3m左右；没有电梯和空调，入口大厅面积达100m²左右，一般不做挑空；门口设有传达室，负责收发信件和传达；楼梯正对大厅，较为宽敞；房间分布走廊两侧，一字排开。这种楼宇只能满足单位内部员工的基本办公需求，如图1-4、图1-5所示。

图1-3　西方工业革命后的办公室现状

图1-4　我国20世纪70年代的办公空间（小空间内的会客与办公）

图1-5　我国20世纪70年代末的普通商务写字楼

1.1.2.2 综合型仿国际标准写字楼（20世纪80～90年代）

综合型仿国际标准写字楼是指改革开放以后由于外企进入我国引发的出租型写字楼。因为外企进入我国时起初都在酒店里办公，所以后来兴建的写字楼也与酒店的分布相似：一般较高，结构上采用核心筒与剪力墙，设有消防层和地下车库；标准层面积较小，一般不超过2000m²，内部空间可针对客户需要灵活分割；有豪华的大堂和前台；交通主要依靠电梯，使用中央空调；有保安、保洁、快递、会议、餐饮、商务中心等配套服务。这类写字楼除满足了大量外企和市场经济后新兴的中小企业的基本办公需求外，还满足了他们生活、交流的需求。这种写字楼如图1-6、图1-7所示。

1.1.2.3 智能型商务写字楼（20世纪90年代后至今）

20世纪90年代末期，上海一批5A智能化写字楼的出现，代表了国内写字楼建造的最高水准。这种类型的写字楼在第二代写字楼基础上开始考虑以客户的贴身需求为导向，大大提高了智能化水平。结构上多采用核心筒与柱网结构，少数还采用钢结构，整层大开间，可以根据客户需要灵活划分；硬件上采用安防、消防、楼宇控制、办公和通信传输5A智能化系统，提高了企业办公效率。这类写字楼满足了客户国际化商务办公的需求，如图1-8所示。

图1-6 酒店式写字楼

图1-7 5A智能化写字楼

图1-8 大开间的办公空间，满足国际化办公的基本需求

1.1.3 信息化时期的办公空间

当今我们已经进入了一个"不出户，知天下"的信息时代，人们的传统观念受到了新思维的挑战。办公的定义开始多元化并引入国际化标准，提供尽可能多的人性化服务，如视频会议、智能化监控等管理服务；在第三代基础上提高人性化、舒适度，融入"互联网"元素，具备适应于大型企业与新型创业团队相互融合的办公空间，强调以客户需求为中心，旨在提供低成本、高效率的商务平台，提倡人性化的沟通与交流，注重办公空间对企业文化和员工素质的培养和提高，引导智能化，强化绿色环保的办公理念(见图1-9)。

1.2 办公空间的现状

1.2.1 更加灵活的办公形式

1.2.1.1 SOHO

早在20世纪80年代初，世界最著名的未来学家之一阿尔温·托夫勒就在他的未来学巨著《第三次浪潮》中指出，未来的主导产业将是信息产业。信息产业的模式并不要求人们一定要到办公室里办公，而完全可以在自己的家中，通过电脑和网络来达到信息制作和发售的目的。在阿尔温·托夫勒的预言发出后不久，很快就在欧美国家变成了现实。与此同时，还有约翰·奈斯比特在《大趋势》一书（图1-10）中提到的小企业爆炸现象——小企业数目的急剧增多，客观上也促使更多的公司选择了居家办公的形式。当信息时代真正来临时，我们不得不佩服预言家的睿智与远见。的确，由于网络的存在，使得信息的生产者(这是广义上的信息生产者，包括作家、记者、设计师等，所有以信息成果作为最终生产成果的人)不必再依靠面对面的讨论与交流来获得信息，一切的交流都可以通过网络进行。办公家庭化与家庭办公化这两种趋势，在信息文明逐步发展、人们的个性化需求不断膨胀的今天，将会拥有更广阔的市场。随着21世纪网络时代的全面到来，真正意义上的家庭办公将完全成为可能，也就是我们所说的SOHO(Small Office & Home Office)，见图1-11。

SOHO家庭办公住宅具有节省资源的特性。住宅的使用集中在晚间，而写字楼的使用集中在白天。如果能使两个空间合二为一，那将会极大地节约有限的空间和资源，

图1-9　办公室中的视频会议场所

图1-10　《大趋势》一书封面

图1-11　复式的家庭办公住宅，使人们同时拥有休息与办公空间

而SOHO就恰恰具有了这个特性。SOHO还可以减少每天在交通上所花费的时间及浪费的能源；减少过去在公共办公场所和任何形式的写字楼中因处理人际关系而浪费的不必要的精力；可以根据自己的习惯，自由地安排时间，使办公更轻松，更具个性化。理想的SOHO家庭办公住宅最好为复式，面积以150～300m²为宜，楼下的宽敞大厅可作为办公区和会客区，楼上可作为居住区。人毕竟是社会的成员，家庭办公的人们更需要人与人之间的交往。SOHO家庭办公住宅将办公等功能转移至住宅，目前还只能局限在小型家庭办公的概念上。因此，社会意义上的家庭办公只能是信息社会发展到一定程度之后的普遍的办公形式。这类公司多数是一些"智业公司"，或者叫做头脑产业公司，如广告创意公司、建筑设计事务所等。

1.2.1.2 共享办公

21世纪以来，伴随知识型经济的发展和信息网络的普及，人们的生活形态与工作方式发生了显著变化。非典型工作模式逐渐增多，分散型、移动型和独立型的劳动者比例不断增加，传统工作环境无法满足新型工作者对办公空间的需求。因此，以低成本、灵活性、创新性、注重协作与分享等为特征的联合办公空间开始出现。在鼓励"大众创业，万众创新"的时代背景下，共享空间将为日益增长的创业者、自由职业者提供一个创新创业新平台。

共享办公，也称为联合办公、众创空间、创客空间。联合办公空间的英文为Co-working Space，最早由美国人伯尼·德·科文（Bernie De Koven）在1999年提出。它向不同的公司出租开放式的办公桌或办公间，同时提供办公设施如电源、局域网、咖啡室厅、会议室等。不同于一般的传统写字楼，联合办公空间的特点是空间大，开放式，用户之间的开放与互动更为便捷和频繁。

共享办公是一种为降低办公室租赁成本而共享办公空间的办公模式。来自不同公司的个人在联合办公空间中共同工作，在特别设计和安排的办公空间中共享办公环境，彼此独立完成各自项目。办公者可与其他团队分享信息、知识、技能、想法和拓宽社交圈子等（见图1-12、图1-13）。

近年来，联合办公空间发展迅速，遍布全球，引起学者、实践者、企业以及政策制定者的广泛关注。国外联合办公空间实践相对成熟，相关研究跨及经济管理、城市规划等多学科。在当前的中国，联合办公空间作为众创空间的可行模式之一，各地实践也方兴未艾。

图1-12 共享空间多采用沙发的家居形式增进办公空间中人与人之间的交往

图1-13 上海的wework共享办公
共享办公为不同公司的员工提供一个空间下的办公及休闲环境，利于公司之间的思想碰撞。

1.2.2　更加全面的办公空间

常规的办公空间包括办公区、会议室、经理室等，而大多数办公空间设计都把前台、会议室作为设计的核心（见图1-14、图1-15）。随着西方思潮的影响，前台渐渐演变为吧台，员工休息区成为办公设计的重点灵魂区域。在大城市日益严重的交通压力下，早餐、午餐、下午茶、晚餐等餐饮活动也需要在办公空间中解决，因而，公共厨房、餐厅也逐渐必不可少。头脑风暴等思想碰撞及交流越来越被私企看重，而更多的讨论室、会议室、图书室等，随着人性化的需求也提上了日程。还有些附加的健身空间、打电话的私人空间也不少见。当今国外一些职业场所会在下班后的公司召开派对，这已经模糊了工作与娱乐的界限，如图1-16~图1-19所示。

图1-14　办公区与会议室的空间划分

图1-15　不同工作模式在空间中的划分

图1-16　前台区域的设计像是家庭中的客厅与吧台，空间上给人们带来了轻松感

图1-17　吧台取代了办公前台，为员工创造了一个休闲区域

图1-18　一个位于西班牙巴塞罗那的共享办公空间
很多分隔的空间使整个空间形成了一些间隙的零散空间，人们可以在这里休息和闲逛。

图1-19　健身区频繁出现在办公空间中，体现了现代办公人文化的情怀

1.2.3 企业文化在办公空间中的体现

清华大学的张德教授在其《企业文化建设》一书中谈到，企业品牌战略视觉系统是统领企业对应文化建设的重要符号内容。分为以下三个层次：

企业文化观念层设计——MI策划；

企业文化制度层设计——BI策划；

企业文化符号层设计——VI策划。

通过实施品牌战略，企业文化三个层次的内容都得以系统化，并成为一个有机的整体。可以说，品牌战略就是企业文化的建设和实战的过程，通过这个过程，企业文化的内容在深度和实用性上都会得到一个质的升华。在品牌战略规划的VI策划中，办公空间的标准化也将成为重要的内容。办公空间的SIS（Space Identity System）即空间识别系统已经成为企业品牌规划的考虑对象。企业将不是在应对具体案例时才来考虑办公空间设计的问题，而是在进行企业整体战略规划时就已经将空间的形态及构成特征作为企业文化的内容了。办公空间与企业文化的关系已经得到新兴民营企业越来越深的认识，见图1-20。

1.3　办公空间的发展趋势

1.3.1　高科技化

以智能化建筑为代表的高科技是办公空间革命发展的原动力之一。智能化建筑正以我们无法预见的速度发展，未来办公空间依托于智能化建筑的发展而发展，随着智能化建筑及办公自动化的发展呈现出智能化的倾向，以适应网络时代的办公需求。

4G网络和信息中心的布局等智能化设施技术使办公自动化全面实现数字化办公。所谓数字化办公即几乎所有的办公业务都在网络环境下实现。既不同于传统的OA（办公自动化系统），也不同于MIS（管理信息系统）的建设，它的结构是互联网的结构。办公自动化可能使"办公"不仅仅局限在一个房间、一座大楼里，甚至可能伸展到一个城市、一个地区。

一个真正意义上的智能化办公系统包括办公智能化子系统、网络子系统、物业管理及GIS（地理信息系统）系统、消防子系统、闭路监控子系统、界区报警子系统、电子巡更子系统、出入口子系统、门禁子系统、可视对讲子系统、背景音乐子系统和三表自动远传子系统等。只有拥有并能够使这些系统运行良好，使住户能够确实享受到

图1-20　某内窥镜（上海）有限公司
从标志及公司名称能看出，该公司从事医用内窥镜的产品业务，标志中体现了内窥镜的圆的要素，因此在整个办公空间中，包括前台、接待区、会议室都用圆形的元素作为企业文化的体现。

（a）

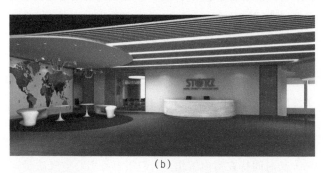

（b）

（c）

诸多便利，才能称得上是真正意义上的智能化办公（图1-21）。

1.3.2 高景观化

办公空间一般较为开敞和外向，强调人的参与、交流和环境的相互渗透；私密空间一般较为封闭和内向，强调空间的领域感和私密性。这两种空间有各自的优势，同时也有缺陷。过于开敞的办公空间会让人失去个人领域感，过于封闭的私密空间会让人有压抑感，而半公共半私密空间的出现为人们日常交往活动提供了更多样的空间选择。办公空间内景观空间的出现和应用，也为人们提供了半公共半私密的空间平台和条件来进行工作、休憩和交往。在当今城市不断扩展、人口密度增加、绿地面积偏低、公共活动场地紧张的背景下，室内景观是增加城市绿色活动空间的有效途径之一，也是解决室内生态环境系统不能缺少的方式。同时，生态绿色的功能不再局限在对环境空间的改善作用，生态绿色的发展已经冲破传统室内设计的空间局限，朝着可持续方向不断发展，向人们所共同关注的物理空间和心理空间的共同需求发展。在当下城市工作生活中，上班族在家的时间远远不及待在办公室的时间，办公空间已然成为上班族的另一个"家"。

长时间待在室内工作，人们很容易担心空气质量问题。绿化种植利用自然植物对室内生态环境系统进行调节。植物主要能净化空气、调节温度、平衡空气中的湿度（特别是在长期使用空调系统的建筑中）、去除空气中的污染杂质，促进室内环境系统的良好循环，令人感到舒适的同时增添亲和力，创造积极健康友好的室内环境，向实现可持续发展的这一目标迈进（图1-22）。

图1-21 办公智能系统

办公大楼作为一个综合性的办公场所，由于活动区域相对分散、进出人员多、通道多、疏散时人车密集，给管理带来了巨大压力，同时也对安全防范工作提出了更高的要求。因此要通过建立完善的综合安防管理系统，将技防和人防、物防相互结合。智能化是根据办公大楼的实际应用需求，推出办公场所综合安防监控系统解决方案，有效集成各类安防子系统，实现各个子系统之间的联动协同工作，提升安保工作的科技含量和工作效率。

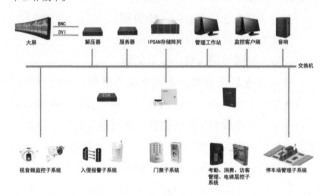

图1-22 绿色植物在空间内既可以美化环境、净化空间，又可以作为隔断，为空间室内环境增加了美观性和私密性

思考与延伸

1.简述办公空间的发展过程。
2.简述现阶段出现的几种新的办公形式，并举例说明。

第 2 章　办公空间室内设计的基本程序与方法

不论办公空间的规模如何，办公空间室内设计的基本程序与方法是差不多的。与一般的商业空间设计相比，办公空间的不同之处在于客户的需求不同，因为不同类型的办公空间，不同的职能部门之间的关系都不一样。因此，了解办公空间室内设计，必须先了解公司本身。

2.1　设计目标与内容

室内设计的工作目标和范围可以概括为四个方面：室内空间形象设计、室内物理环境设计、室内装饰装修设计、家具陈设艺术设计。

室内空间形象设计就是对建筑所提供的内部空间进行处理，要对原有办公空间的建筑设计意图进行充分的理解，对建筑物的体量布局、功能分析、人流动向以及结构体系等有深入的了解。在办公室设计时对室内空间和平面布置予以完善、调整或再创造，进一步调整空间的尺度和比例，解决好功能布局、人流交通以及空间与空间之间的连接、过渡、对比和统一等问题。

室内物理环境设计就是对建筑内部的体感气候、采暖、通风、温湿调节、通信、消防、视听、水电设备等进行处理，是室内环境设计中极为重要的方面。随着科技的不断发展与应用，它已成为衡量建筑内部环境质量的重要因素。

室内装饰装修设计就是按建筑内部空间处理的要求，对室内空间维护体的几个界面，即墙面、地面或楼梯、顶面、柱子、窗及分割空间的实体、半实体等进行处理，也就是对室内空间内部构造有关部分进行处理。

具体工作主要包括对室内界面进行装饰设计，确定室内色彩基调和配置计划、室内灯光与照明要求，选择各个界面所用装饰材料及装修做法等。

家具陈设艺术设计就是对室内的家具、陈设饰品、照明灯具、绿化及视觉传达方面的内容进行设计。它们对烘托室内环境气氛所形成办公室设计风格起到举足轻重的作用。

由此可见，办公空间室内设计需要考虑的内容已经变得更加宽泛。从事办公空间室内设计的人员，应该尽可能地去熟悉相关内容，设计时主动而自觉地考虑诸项因素，与有关工种的专业人员相互协调、密切配合，这样才能有效地提高室内环境设计的内在质量（图2-1、图2-2）。

图2-1　某纸品包装公司行政架构图
对公司的组织架构的了解，有助于更有效地对公司的功能排布及流线组
织进行设计。

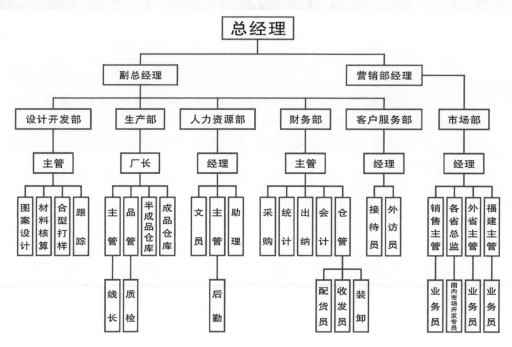

图2-2　某纸品包装公司变革后的部分组织架构
该公司于2017年进行了组织架构变革，其中主要的变动有：成立营运事
业群、职能事业群隶属于总裁；成立枢纽中心本部、营运办公室隶属于
营运事业群；成立资本运营本部隶属于职能事业部。这样的组织变革带
来空间排布上的改变。

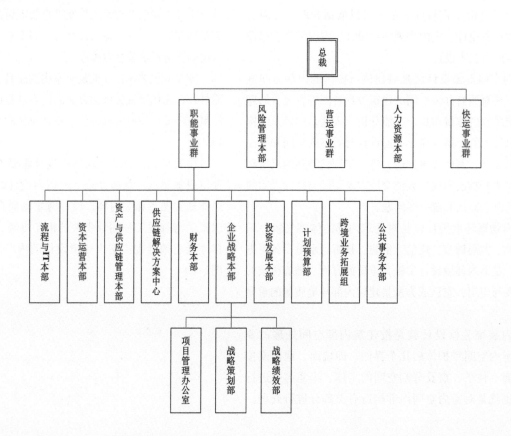

2.2　现状与发展趋势

办公空间伴随着人类社会的进步无形中也在不断地演变。尤其是20世纪的众多发明彻底地改变了专用办公建筑中的工作环境。经济的发展、城市化进程的加快也使办公建筑有了迅速的发展。办公设施的日新月异、办公模式的多样化促使了办公空间新概念的产生。办公空间是为满足人们办公需要提供的办公环境，决不仅指办公室之类的孤立空间，而是相对于商业空间、娱乐空间、住宅空间等，供机关、企事业单位等办理行政事务和从事业务活动的办公环境系统。办公空间设计的最终目的就是为人们提供优秀的办公、生活环境，使人们在室内环境之中获得生理和心理上的舒适感、安全感、轻松感。发展到21世纪的今天，办公空间的功能被进一步地细化，办公人员的需求决定着办公空间的设计方向。

除此以外，办公设计的风格应与公司整体的文化背景、产业内容、产品风格相协调。设计师在把握风格的同时，首先需要对该公司的背景、产品信息有充足的理解。设计概念乃至于运用的设计材料能尝试结合公司产品类型或是公司产品宣传进行则更为完善。图2-3、

图2-4为美国一家电商公司的办公空间。

随着越来越多的分散、以跨地区的经营为特点的公司的涌现，只有保持其质量与服务的一致性和形象的统一性，才能显示企业的整体形象力。这种整体的品牌形象力，需要通过其品牌包装、办公空间室内设计等的统一才能达到集中的形象传递和统一的识别效果。这只有经过系统地整合办公形象，才能得到累积相乘的效果，形成传播的一致性和传播的力度，形成利于公众识别的形象力。因此，虽然统一办公形象只是一个表象，但是对于企业家来说，却能提升企业内部组织和企业文化的统一协调能力，加强组织机制，提高企业适应市场环境的能力。

图 2-3　美国一家电商公司的办公空间（一）

（a）

（b）

图 2-4　美国一家电商公司的办公空间（二）

（a）

（b）

2.3 办公空间设计的程序

本部分以某中型公司的办公空间设计作为案例，说明办公空间设计的程序。

2.3.1 平面方案设计的程序

2.3.1.1 整理客户需求

办公空间设计中的客户需求类似于居住空间设计中的业主需求，需要对公司现状进行了解。设计师在接受办公空间设计任务时，通常先要花大量的时间研究该公司，研究内容如下。

（1）公司人员架构、部门架构。在办公空间的设计中，办公的组织结构、功能的需求、流线的组织是有别于其他类型的室内空间的要素。

（2）公司部门需求。包括部门员工具体的工作内容、每天经常做的工作，这会影响到后期办公桌的选择；员工之间的沟通方式，这会影响到平面设计中办公桌的组合排列方式。

（3）各部门的对外联系状况。例如人事部面试周期，这会影响到接待室的使用频率。

（4）讨论会议的需求。包括与会人数、会议方式，这会影响到会议室的面积、数量和平面布局。

（5）展示需求。是否有对外展示公司宣传栏或公司产品的需求。

（6）储存、供电方面的需求等。主要是储存间的面积需求及储存物品的方式需求，例如开架柜子或是带门柜子，以及具体的柜子尺寸需求。弱电间的面积需求则是受到弱电机柜大小的影响，这需要和公司的技术部门人员进行沟通。

当主要功能确定后，需要列出客户所需的功能房间以及各部门人数（房间面积通常客户无法确定，只能得到人数资料），了解各部门对于封闭与开放空间的需求，每个功能房间按照 10 ~ 15m²/ 人来确定面积大小，根据房间的重要性而列出相应的表格（表 2-1）。

本案例中各楼层可使用的净面积为 550m²，总人数为 45 人，则

$$个人平均面积 =550/45=12.2（m²）$$

楼层可使用的净面积为 550m²，需求总面积 424m²，则

$$通道面积 =550-424=126（m²）$$
$$通道的面积占比 =126/550=22.9\%$$

办公楼一般为高密度设计，该案例个人平均面积为 12.2m²，通道占比为 22.9%，由此看出该案例的员工办公面积略为紧张。

通过以上案例可以得出如下结论。

（1）办公空间中走道面积与总面积的理想比例为 30%，在较为宽松的设计中走道面积与总面积的比例则为 40%。

（2）办公空间中个人的理想平均面积为 15m²，略微宽松的个人平均面积为 20m²，最低的个人平均面积则为 10m²。

表 2-1 功能表格

部门 / 功能	人数	数量	封闭房间	开放办公室面积估算 /m²	其他
前台	2	1		30	
会议室	15	1	√	30	
部门经理室	1	1	√	15	
办公区	10	1		100	
财务室	4	1	√	40	
……					
……					
……					
……					

2.3.1.2 明确部门关系

部门与部门之间的关系可以通过气泡图进行梳理。初学者可以在小纸片上写上功能房间的名称，然后通过摆放及调整位置来明确功能之间的关系。

这里需要重视的几项关系如下。

（1）对内对外。外部来访客户流线以及员工正常上下班的流线，这两条流线需要互不交叉，互不干扰，明显区分。

（2）行政部门相对独立。人事、财务或者通过了解后掌握的特殊的职能部门需要相对独立。

（3）接待处与各部门的关系。由于面积有限，不可能为所有部门专设接待处，分时段分批使用接待或会议功能需要先列出哪些部门会使用到接待处，如人事处在面试中使用，销售处在与客户面谈中使用，因此二者在与接待处的流线关系上就需要更为便捷的交通（图2-5、图2-6）。

图 2-5 一般公司的部门组织关系示意

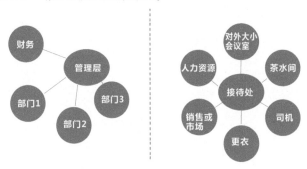

图 2-6 某广告公司的部门组织关系示意

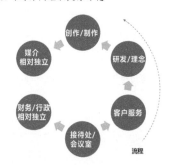

2.3.1.3 了解现场情况

（1）朝向、通风。设计师应带着平面图到现场去调研，建立二维平面与现场实地空间相关联的认知，在图上标出相应的信息。如指北针、采光（窗户位置）、通风（窗户开启扇）的情况。这些现场状况会对设计的平面布局考虑产生很大的影响。例如，单间办公室需要采光，储藏间、打印室则不需要；朝向则需考虑阳光的照射角度，需考虑卷帘、窗帘的设置。

（2）景观。在平面图上需要注明景观朝向。好的景观朝向一般优先考虑总经理办公室，或是员工休息区等。同时，靠近景观朝向面不应当设计高于视线的墙或隔断。

（3）出入口位置。关注出入口位置、电梯厅或楼梯厅等主要交通流线如何到达基地（该基地指设计师的设计范围），在现场就可以结合卫生间位置、电梯厅位置等开始考虑主次入口的位置。对入口现状进行详细的测量。因为办公空间设计中，入口前厅作为办公空间的门面，是必须改造的。

（4）卫生间位置。观察写字楼内是否有公共卫生间。如果没有，设计师需要根据公司人员的数量确认卫生间蹲位的数量，并在平面布局中合理设置卫生间。如果写字楼已经为租户提供公共卫生间，设计时则需要考虑办公空间的主入口不要设置在人员进出公共卫生间的主要通道上。

（5）剖面高度、梁的位置。带上长卷尺或测距仪到现场描绘剖面，确定层高、窗高、梁位、梁高等数据，如已有图纸，则需要带上图纸到现场复核数据。

2.3.1.4　方块平面

结合气泡图或手工图形成方块平面。方块平面即对各功能的使用空间在平面上做合理的分配，一般称之为"全功能平面"，即在功能排布和流线组织上已经"完美无缺"的功能平面（图2-7、图2-8）。

方块平面完成后，根据公司的性质、设计概念的影响可以对方块平面进行"变形"，即对分配好的空间做平面形式上的变换，通常有斜线、圆弧、曲线等形态变换（图2-9～图2-11）。

图 2-7　方块平面

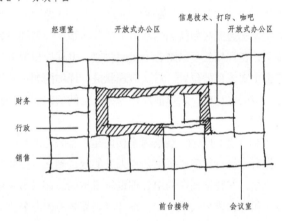

图 2-8　圆圈法做草图

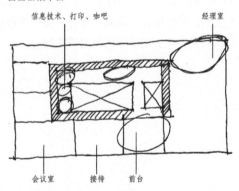

图 2-9　内走道调整的第一种方式

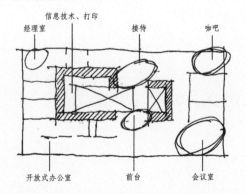

2.3.2　空间设计的方法

空间设计除了空间本身的大小、形态、色彩、肌理等，还包括不同空间的组合关系。因为空间设计对象具有三维的属性，因此不同于平面设计的思维，其包含了空间感知的内容。而空间的序列性也被人们称为空间的第四维度。因此，空间设计的精髓在于秩序。

秩序是组织空间设计的手段及方法，秩序不单是指某种几何性、规律性，而是一种关系，包括整体与部分的关系、部分与其他部分的关系、大部分中小部分之间的关系。关系处理得秩序化，才能产生一个和谐的"有设计感"的空间效果。

图 2-10　内走道调整的第二种方式

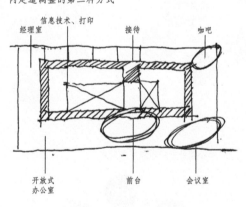

图 2-11　走道及功能房间墙体可根据概念调整为斜线或曲线

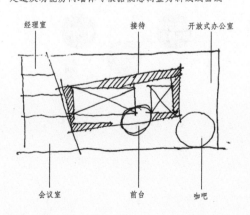

2.3.2.1 轴线设计

轴线是室内设计中组合空间最基本的方法，它是由空间中两点连成的一条线，以此线为轴，可以采用规则的对称形态或不规则的均衡来布置。

首先，轴线本身是线型状态，且方向性强，因此确定方向是第一步，方向则一般根据空间的特性，比如窗户、门等建筑构件对空间的影响而确定。

其次，轴线的两端可以开放，可以是一个点，作为视觉的终点；也可以是一个垂直面，建筑正立面或者是玻璃外有一个开敞的景观空间，让视线更为深远（图2-12、图2-13）。

轴线的两侧与轴线平行的线条，可以用来加强轴线，可以是地面上的线条，也可以是垂直面（图2-14）。

图2-13 某科技公司办公空间设计

轴线设计表达

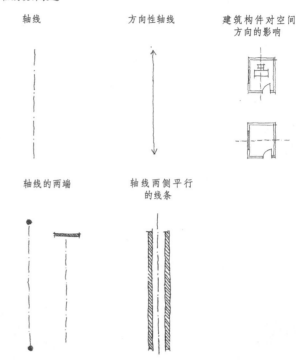

图 2-12 轴线的尽端是建筑立面

图2-14 某科技公司办公空间轴测图

2.3.2.2　对称设计

　　构图中可以存在轴线，而两侧不存在对称。但如果有对称的存在，则一定会由一根轴线来进行组织（图2-15）。在室内设计中，根据空间特性设定隐含的轴线后，需要对室内基本状况进行分析，进而进行对称性设计。这种对称状况一般用在室内空间中具有特殊意义或非常重要的空间。多重空间、主要空间、次要空间均为重要性布局（图2-16～图2-19）。

图2-17　利用建筑结构进行对称设计
在规则对称的建筑结构下的大楼梯成为空间的焦点。

图2-15　美国某律师事务所华盛顿总部室内设计
轴线的尽端是人的活动空间和玻璃面。

图2-18　对称布局的两种可能

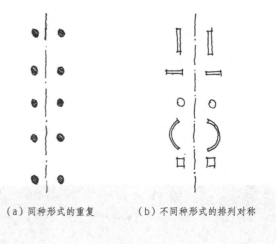

（a）同种形式的重复　　　（b）不同种形式的排列对称

图2-16　对称布局的空间
跟随着建筑本身的结构做对称式的布局，相应的灯具及家具的对称都加强了这种感受。

图2-19　除了空间自身的对称外，该空间两侧也是对称的次要空间

2.3.2.3 等级设计

这里的等级不是指员工、领导这种人事等级上的不同，而是指空间的等级性。当然，空间的功能会对形式有影响，从而影响空间的重要性序列。在设计中，如果某种形式空间非常重要，具有特别意义，这个形式或空间在视觉上必须与众不同。

这类似于平面构成中的特异，可以通过大小的突变、形状的变异、方向的改变等进行特异性表达。

由尺寸形成的等级，通常通过尺寸的变大而取得决定性的领导位置。

由形状形成的等级，通过形状发生的突变成为视觉的焦点。

由位置形成的等级，一个形状或者一个空间被刻意放在一个特殊的位置上，则自然成为构图的重心，如轴线的终点和对称的中点（图2-20、图2-21）。

图2-20 三种不同形式形成的等级关系

（a）由尺寸形成等级

（b）由形状形成等级

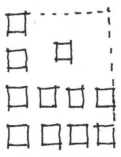

（c）由位置形成等级

图2-21 爱沙尼亚某报刊办公空间设计
形状及位置同时进行的突变，空间等级自然被提到了最高，因此成为视觉的焦点。

（a）

（b）

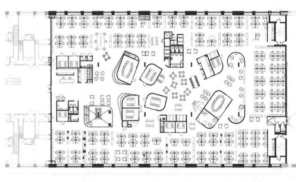

（c）

2.3.2.4 基准设计

基准是指构图中的一条参考线，在参数化里，若干变量中不变的那个原则可以称之为控制线。它可以是一根线，也可以是一个网格（图2-22、图2-23）。

它可以用来控制平面或者立面上的要素，在一个大空间内或者不连续的立面上进行控制性排布。它也可以作为面域的存在，设计元素不能超过面域的范围，如空间限定五要素中"围合"的一个面。

它也可以通过体进行空间限定，这在室内设计中经常使用，在大空间内限定小空间，这个小空间就作为控制体的所在（图2-24~图2-26）。

图 2-22 基准线　　　　　图 2-23 基网格

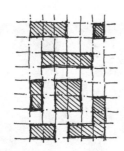

图 2-25　乌克兰某公司办公空间设计
在这里，走道顶部的线成为控制线，用以控制两侧构件的位置。

图 2-24　某公司办公空间设计
使用吊顶的限定方式控制了空间区域，空间留白的简约设计风格给人更宽广的思维空间。

图 2-26　美国某公司办公空间设计
这里梁下自然形成了控制线，玻璃面也好，墙面分色也好，吊顶的位置都由该线所控制。

2.3.2.5　韵律

韵律等同于节奏，是某个要素按照规则或者不规则的间隔排列，是图案化的重要性体现。

建筑本体中的结构构件就是一种韵律，柱梁通过一定的柱跨等数据重复性出现。

最简单的重复形式是将众多的要素沿基准线排列。这些要素不一定完全一致，可以是同类型或是具有相同的性质（见图2-27）。

富有韵律的图案提供了视觉的连续性，提示人们即将会遇到的东西，而在韵律中任何中断性的操作，如插入的不同的空间，则体现了该空间的重要性。

线性的韵律在空间上较容易实现。随着参数化的发展，韵律的规则可以是曲线的、螺旋线的、放射线的（图2-28～图2-33）。

图 2-27　形成韵律的要素

（a）柱网　　　　　（b）不一致的要素韵律

（c）节奏1　　　　　（d）节奏2

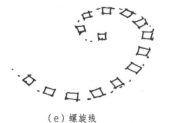

（e）螺旋线

图2-28　上海某共享办公空间的会议区
以麻绳为主要元素来构建整个空间，使空间产生一种韵律，并以此彰显麻绳的自然本色和材料更多的可塑性。以麻绳交织的动态几何界面，在视觉上消解了原有的梁柱构造，让空间更富有灵性与活力。以交织的麻绳界定出每一个功能空间，同时因其通透的趣味阻隔而产生小中见大的空间感受。

图2-29　上海某共享办公空间的会议区
设计以暖色调来塑造这个极简的工业空间，泛着暖光的别致灯饰和温润的原木家具以及漫天穿梭的麻绳，力图营造一个带有情感温度的共享空间，吸引小型设计团队和初创企业的加入。

图2-30　美国某咨询公司办公空间设计

图 2-31　波兰某呼叫中心办公空间设计
基准线两侧为不同的韵律，一侧为规律性的窗台休息区，一侧为整齐排列的柜子。

图 2-33　某健身工作室主入口空间
该空间的设计通过入口前台的斜向设计引入人员流线，又通过节奏感让人忽略了空间的不规则性，从而从视觉上调整了空间形态。

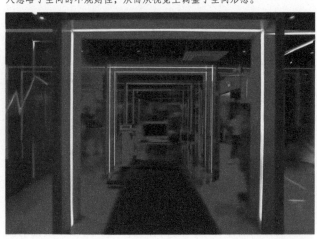

图 2-32　某健身工作室的办公平面图
该设计借助韵律来调整空间放线，提高视觉的连续性。

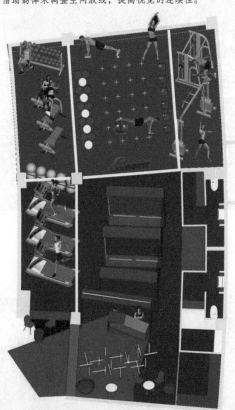

2.3.3 施工图设计内容

2.3.3.1 装饰施工图设计内容

装饰施工图设计内容是以方案设计的平面图与立面图为准，表达室内装饰情况的三视图。装饰情况包括室内的内部饰面材料、装饰结构情况、材料构造情况、家具陈设、绿化等方面的布置。

装饰施工图包括的内容如下。

（1）封面。包括工程项目名称、图纸内容、绘制时间等。

（2）目录。包括各图纸、编号、图幅大小、绘制公司、人员信息等（图2-34）。

（3）施工说明。施工说明是对施工过程中使用材料、做法进行整体性说明的文字。

（4）材料表。对施工图中所用的材料及编号、规格、防火等级等都要在材料表中进行注明。

（5）原始平面图。业主或物业提供的原始平面图，包括墙、窗、梁等原始建筑状况（图2-35）。

（6）墙体定位图。包括新建墙体、拆除墙体的定位，也包括需要通过图例表达出新建墙体不同的材料，如轻钢龙骨石膏板墙、砖墙、现浇混凝土等。

（7）平面布置图。在方案设计的平面图的基础上，将平面家具及陈设的定位表达出来（图2-36）。

（8）铺地。在没有家具平面的前提下，该图完整地展现铺地材料及不同材料之间的分隔线的定位及材料标注。

（9）顶面图。顶面图需要表达顶部造型及造型尺寸、吊顶所用材料及标高，还需表达出灯具位置。

（10）灯具定位图。在顶面图的基础上，灯具定位图要详细到每个灯的点位定位，以及不同灯具类型的图例。

（11）综合顶面图。该部分将在第8章进行详细说明。

（12）各向立面图。室内装饰图的立面图与建筑设计的立面图略为不同，真实意义上应该是剖立面图，在各向立面图中应该表达该空间的剖面，即剖到的地、顶、墙、窗户、门，还原建筑的原始状况，这样才能精确地表达吊顶的范围，且立面图上还需要表达立面的造型、材料尺寸等（图2-37）。

（13）节点详图。在特殊做法处，如材料与材料之间有交接的地方或平面、顶面或立面上的造型，由于平面、立面的比例太小无法表达清晰时，或者造型柜子、

特殊陈设需要更大的比例（1:20乃至1:5）画出三视图进行表达时，则需要绘制节点详图（图2-38）。

（14）索引图。如果节点图过多，各向立面图及节点图具体是表达哪部分的内容，也需要在局部立面图或在顶面图上进行标注，并编写序号以方便施工人员查看。

图2-34 目录

序号	图号	目　　　录
		装饰部分
		目录
01	LIST-01	图纸目录
02	LIST-02	设计说明
03	LIST-03	材料表一
04	LIST-04	材料表二
05	LIST-05	材料表三
	平面图	
06	FP-1F-01	原始总平面图
07	FP-1F-02	综合平面布置图
08	FP-1F-03	综合天花布置图
09	FP-1F-04	地坪材料布置图
10	FP-1F-05	立面索引标识图
11	FP-1F-06	平面尺寸定位图
12	FP-1F-07	墙面材料标识图
13	FP-1F-08	天花造型尺寸定位图
14	FP-1F-09	灯具尺寸定位图
15	FP-2F-01	原始总平面图
16	FP-2F-02	综合平面布置图
17	FP-2F-03	综合天花布置图
18	FP-2F-04	地坪材料布置图
19	FP-2F-05	立面索引标识图
20	FP-2F-06	平面尺寸定位图
21	FP-2F-07	墙面材料标识图
22	FP-2F-08	天花造型尺寸定位图
23	FP-2F-09	灯具尺寸定位图
	立面图	
24	E-1F-1	1F立面图
25	E-1F-2	1F立面图
26	E-1F-3	1F立面图
27	E-1F-4	1F立面图
28	E-1F-5	1F立面图
29	E-1F-6	1F立面图
30	E-1F-7	1F立面图
31	E-1F-8	1F立面图
32	E-1F-9	1F前台立面图
33	E-2F-1	2F立面图
34	E-2F-2	2F立面图
35	E-2F-3	2F立面图
36	E-2F-4	2F立面图
37	E-2F-5	2F立面图
38	E-2F-6	2F立面图
39	E-2F-7	2F立面图
40	E-2F-8	2F立面图
41	E-2F-9	2F立面图
42	E-2F-10	吧台立面图

图 2-35　材料表

	编号	说明	防火等级	位置	颜色/型号/尺寸	品牌
乳胶漆	PT-01	米白色乳胶漆	B1级	吊顶天花、墙面	Natural White OW033-4	立邦
	PT-02	浅黄色乳胶漆	B1级	大教室/小教室墙面	ON2951-4	立邦
	PT-03	浅橙色乳胶漆	B1级	家长休息室墙面	色同ON1930-2	立邦
	PT-04	灰色乳胶漆	B1级	暴露吊顶	NN6540-2	立邦
	PT-05	暖灰色乳胶漆	B1级	公共区域墙面	NN1320-3	立邦
	PT-06	深色乳胶漆	B1级	前台	拉丝不锈钢	立邦
	PT-07	白色防水乳胶漆	B1级	卫生间天花	Natural White OW033-4	立邦
	PT-08	黄色可擦洗乳胶漆	B1级	小教室墙面	ON2951-4	立邦
	PT-09	绿色乳胶漆	B1级	大教室/小教室墙面	GC4410-3	立邦
	PT-10	米色乳胶漆	B1级	接待室	YC2807-4	立邦
矿棉板	MF-01	矿棉板	A级	室内天花	600*600	阿姆斯壮
	MF-02	矿棉板	A级	办公室	300*1200	北新建材龙牌
金属	MU-01	黑钛拉丝不锈钢	A级	公共区域及办公室墙面	需施工提供小样	
	MU-02	玫瑰金金属板	A级	办公室内	需施工提供小样	
	MU-03	仿铜拉丝不锈钢	A级	入口处	需施工提供小样	
	MU-04	金属板穿孔	A级	天花	600*600	
	MU-05	金属板穿孔	A级	天花	300*1200	
铝型材	GR-01	木纹铝格栅	A级	公共区域顶面	40*100	
	GR-02	铝本色铝格栅	A级	公共区域顶面	40*100	
烤漆	YQ-01	白色烤漆	B1级	装饰柜	Pantone 11-4201 TPG	
	YQ-02	浅黄色烤漆	B1级	走道墙面	Pantone 12-0727 TPG	
	YQ-03	浅橙色烤漆	B1级	走道墙面	Pantone 13-0947 TPG	
	YQ-04	深灰色烤漆	B1级	走道墙面	Pantone 16-3915 TPG	
	YQ-05	黄色哑光烤漆	B1级	走道墙面	Pantone 14-0760 TPG	
	YQ-06	绿色哑光烤漆	B1级	装饰柜	Pantone 15-5421 TPG	
	YQ-07	黑灰色烤漆	B1级	走道书架	Pantone 19-0405 TPG	
	YQ-08	浅灰色金属板烤漆	B1级	教室墙面	色同Dulux 30BB 10/019	
	YQ-09	蓝色烤漆	B1级	走道墙面	Pantone 18-4043 TPG	
玻璃	GL-01	12厚钢化玻璃	A级	会议室、签约室	钢化玻璃12mm厚	
	GL-02	超白背漆玻璃漆玻璃	A级	会议室墙面	色同Natural White OW033-4	
	GL-03	灰镜	A级	吧台	NN1320-3	
	GL-04	浅橙色焗漆玻璃	A级	家长休息区墙面	色同ON1930-2	立邦
	GL-05	黄色夹胶玻璃	A级	休息区隔断	6+6钢化玻璃夹胶	
	GL-06	黑色焗漆玻璃	A级	教室	黑色背漆玻璃10mm厚	
人造大理石	ST-01	白色人造石	A级	台面、1楼墙面		
	ST-02	水波纹微晶石	A级	前台		
	ST-03	黑色人造石	A级	吧台		

注：室内所有基层板均为厚度12mm阻燃板基层。

图 2-36 2F 平面布置图

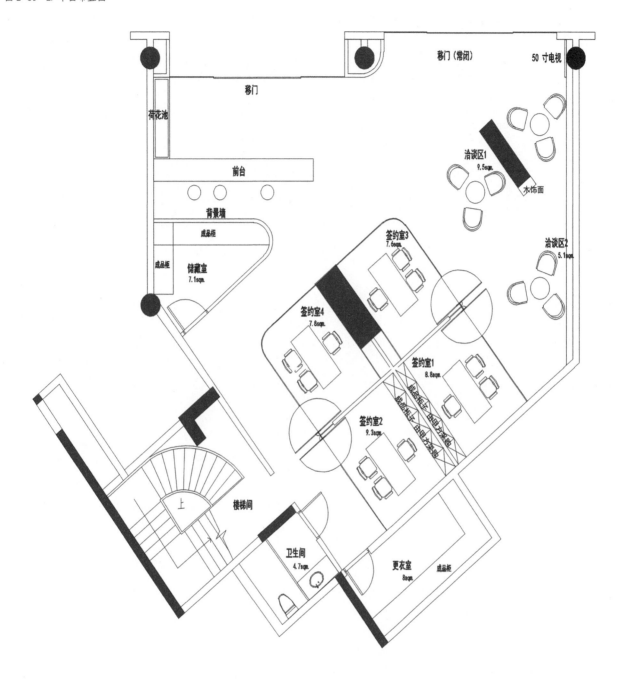

编号：	区域：	面积：	数量：
—	走道	78.0m²	1
A01	储藏室	7.1m²	1
A02	卫生间	4.7m²	1
A03	更衣间	8.0m²	1
B01-B04	签约室（平均）	8.4m²	4
C01-C02	洽谈区（平均）	7.3m²	2

图 2-37 立面图

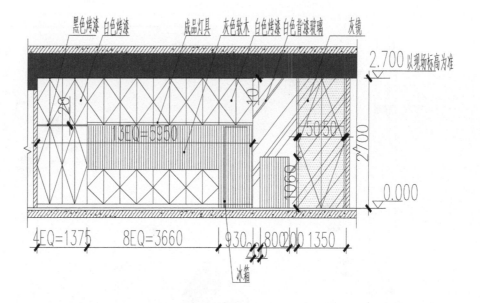

图 2-38 节点详图

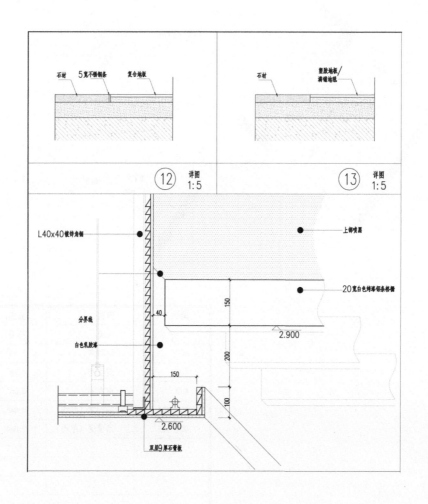

2.3.3.2 设备施工图设计内容

办公空间室内设计的施工图纸涉及的设备专业有空调、消防、电气、给排水等。常规的设计程序是：装饰专业将施工图纸完成后，对各设备专业人员进行设计交底，让设备专业人员对装饰设计的内容有所了解，之后各设备专业人员会绘制各设备专业图纸，最后共同反馈给装饰设计人员。这时就需要室内设计师展示组织与协调能力。室内设计师需要将空调中的风管、出风口、回风口，消防中的喷淋、烟感、消防水管等在综合顶面图上共同表达，确定标高，这时可能会碰到"打架"的状况。"打架"指的是设备专业的管道在图纸上设计的标高有相同的情况，这就需要在设计图纸阶段进行修改，否则在施工现场就会互相碰撞导致施工停滞。设备专业终端有可能会相互之间有所冲突，这就需要设计师先想出符合设备安装条件的调整方案，再与各设备专业设计人员进行协调，最后完成综合顶面图。关于设备专业的终端情况会在本书第7章进行说明。

2.3.4 施工配合

施工图设计全部完成后，就进入了施工配合阶段。设计师首先要进行施工交底，让施工队对设计内容有一个总体的认知和熟悉。其次在现场碰到一些问题，比如拆除墙体后，现场状况、结构标高与设计标高有冲突，需在现场就各现场问题提出解决方案或与施工人员商量合适的解决方案，弥补设计的不足。因施工困难等客观原因而提出的需要设计变更的问题，在不影响施工进度的前提下制定计划进行设计修改。第三，参与施工过程中的主要项目测试，并对测试的结果进行评估，例如前期的材料进场复检、防水测试等。最后，参加工程各阶段的验收，例如隐蔽工程验收，竣工阶段需要审查施工单位施工资料、竣工图纸等（图2-39～图2-42）。

图 2-39 原有吊顶拆除状况，再次确定风管等标高

图 2-40 配合甲方，进行现场材料确认

（a）

（b）

（c）

图 2-41　隐蔽工程路线

图 2-42　定期查看施工情况

思考与延伸

1. 简述办公空间设计的程序。
2. 简述各施工图纸包含的内容。

第 3 章 办公的功能与空间设计

办公空间不单纯是办公室,虽然员工办公作为办公空间设计的主体,但是除此以外,还有一些办公空间必备的功能区。例如,员工开会或是业务往来公司之间的洽谈都是在会议室或是洽谈室完成的;在注重人性化管理的今天,办公空间中的茶水间或是休闲室也越来越多样化。因此,相应的功能也要求进行符合使用需求的空间设计。

3.1 前厅

3.1.1 性质与功能

前厅作为办公设计空间序列的第一项,有着体现企业文化、奠定设计基调的重要意义。

这里前厅不单纯指前台这个家具本身,而是指办公空间的导入区域,这个区域包括前台、门厅、接待区,是来访者开始进入的地方。这些区域可谓企业的橱窗,是企业整体形象的体现,因而也是办公空间设计的重点之一。从功能上考虑,只发挥交通走道功能的门厅,一般来说,只需要符合人流疏散的要求即可,但是通常门厅都兼有交通和接待的功能,设计时便需考虑交通动线的流畅及休息区域的安静等。前厅除交通的功能外,附加的价值在于企业形象的宣传,因此,在商业的空间和许多企业办公空间中会在合理的位置设计前台及背景墙。前台及背景墙的主要功能是接待访问者和收发文件,给予访客对品牌的初步印象与感知。背景墙的设计应可衬托品牌形象,需要有创意地去展示该品牌的性质及特点(图3-1)。

图3-1　美国纳什维尔某办公室前厅设计
该前厅设计以"文化的双重性"为设计核心,打造一个亲和、热情、休闲且充满工作激情的空间氛围,以独特的设计语言诠释公司的品牌文化。接待台的上方为以876根鼓槌制作的创意装置设计,有的鼓槌上面还有艺术家的签名。

3.1.2 设计要点

3.1.2.1 空间布局

根据不同的办公平面需求，前厅有封闭、半封闭、全开放式几种形态。

平面布局中，前台一般位于入口区域正对面，前台背后即为背景墙；或者入口对面为背景墙，侧面为前台，保证背景墙从上到下的完整性。平面布局中除了前台外，还根据不同的公司性质有所增减。比如设计或销售类公司需要有展示的区域，展示自己的设计作品、产品等，需要设计相应的展墙或者展柜；又如有些接待量较大的公司，则需要相应的接待休息的区域。如前台中有接待区，则接待区需与前台统一设计考虑，空间中顶面与铺地设计统一等（图3-2~图3-4）。

3.1.2.2 视觉界面

前厅是办公空间最为重要的门面区域，背景墙设计则是重中之重。背景墙的设计手法有以下两种。

（1）利用形态符号进行品牌主题塑造。设计师在设计前台背景墙、企业文化形象墙时，可运用某种形态符号语言。这些形态符号背后的寓意可以是社会的某方面文化再述、地域文化的缩影、各种造型元素的变形或情感的表达等。主题表现方式上要体现品牌或企业的文化理念、商品的性质和质量以及销售的理念和特点。

图3-2 哥伦比亚某广告公司的"创意之门"
入口接待区的背景墙以各种颜色的木门来装饰，具有特殊的象征意义。寓意从这里开启五彩缤纷的瑰丽世界，点明空间设计主题。木色和红色主导了整个空间，轻柔多彩的配色方案令室内洋溢着明快的温暖氛围。顶面灯具的设计也极具个性，每个区域的墙面装置设计也各具特色，所有这些设计元素都是为了强化"创意"这一重要理念。

图3-3 前台直接与接待桌结合
这个设计中，前台桌被延长了，延长的部分提供客户休息、等待的功能。展示架也大胆地被引入前厅中，除了增加艺术性外，也给客户增加了了解企业的机会。

图3-4 更加开放的前台
前台在这个空间内除了常规的接待功能外，还承担了吧台的功能，因为与前台相对应的空间设计了休息、接待的区域。

图3-5 背景墙与标志结合
将标志直接运用在背景墙上是比较常规的设计做法。

图3-6 背景墙与标志的创意结合
独特的标志设计表达在背景墙与前台上，富有创意的设计手法使空间看起来协调、统一。

直接将一些产品的原型符号运用到背景墙设计或前台的造型中，可以加强访者和顾客对品牌的认知度，强调其专业性。或者可以将企业标志的颜色及形态直接用前台的家具形态来表达，也可以采用将标志直接挂在背景墙上的做法（图3-5）。

（2）设计材质统一的背景墙，即背景墙作为单纯的背景墙，作为企业标识的背景存在，采取特殊的材质、形式和肌理，利用构成背景墙的形体和光线、颜色、纹理等其他元素，注重材质搭配、纹理质感和形式美，含蓄地表达企业性质（图3-6）。

3.1.2.3 家具与陈设

前台家具本身的设计长度尺寸由平面空间而确定，前台的高度则由人体工程学来确定。比如面向客人的区域，如果需要登记，则高度需要达到1050mm（吧台的高度），面向前台工作人员一侧高度则为工作人员坐着办公的办公桌的高度即750mm(图3-7)。前台家具可考虑从办公家具厂直接购置，也可由设计师绘制大样图现场制作或家具厂定制。一般常用的材料都为硬质材料，比如金属、石材、木材、砖、混凝土等，主要以与背景墙的设计和谐为主。

接待休闲区的家具，考虑低位休闲座椅及茶几以放置茶水，且需以组放置，一组或两组家具为小接待区。

图3-7 吧台的站立与坐立的人体工程学尺寸

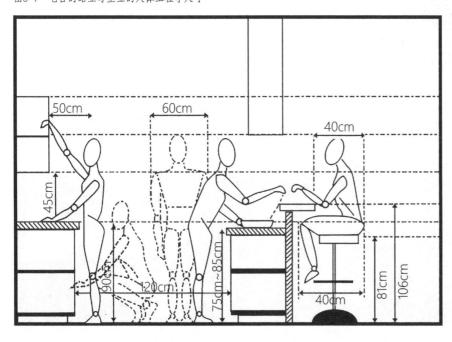

3.2 会议区

3.2.1 性质与功能

会议室在现代办公空间中具有举足轻重的地位。在现代公务和商务活动中，各类会议的召开必不可少。会议室大概有两种不同的功能：一种为对外的接待，客户、来宾的访谈可能在这里进行，会议室在这里就体现了公司的形象与实力；一种为对内的会议。因此，会议室的平面布局有大小之分。

按空间体量来说分为三类。第一种为小型会议室，空间规模在10人以下，常常用于召开小型会议，空间形态比较随意。第二种是中型会议空间，空间规模在10～50人，空间形态比较规整，有一定的严肃性，供一些较大的部门使用。第三种是大型会议空间，空间规模在50人以上，一般供企业的全体人员使用，空间开阔、规整、严肃，同时对室内空间的声学要求较高（图3-8～图3-10）。

图3-8 小型会议空间，形态随意

图3-9 中型会议空间比较规整，图中是比较常见的长方形桌面会议厅

图3-10 大型会议室考虑排座设计
大型会议室的规模比较大，一般用于召开企业的全体会议。这种大型空间需要考虑到人员疏散的问题。

3.2.2 设计要点

3.2.2.1 空间布局

根据办公空间的性质及要求，如果是员工内部会议，大会议室需要满足所有员工就座，并尽量满足所有员工的书写要求。面积预估可以按照一位员工2m²计算。会议室的平面尽量为规则图形，如长宽比不大于2的长方形、方形或者圆形。太狭长不利于后排与会者的观看角度。因此方形的空间最为理想，房间的比例以长宽3：2为宜，层高应在3m以上。

小型会议室一般同样承担了小型会客及讨论区的功能。若空间较小，一般可设小型会议桌或沙发组，容纳8～10人左右，人员布置方式较多为面对面的围坐的方式，便于人员之间的相互交流，故而空间上倾向于营造亲和的氛围（图3-11）。

图3-11 小型讨论区
平面可以不规则，设计可略为活泼。

中型会议空间能满足企业某部门的整体会议。这种部门会议的性质需要更为严肃的空间效果，因此需要更为规整的长方形平面。会议桌的长宽比一般为2:1，人员相对而坐，如人数增加，可靠墙增加一排座位（图3-12）。

在声学及视觉因素的双重考虑下，会议室面积如果大于100m²则需要考虑排座式位置，小于100m²则可考虑圈坐式（图3-13、图3-14）。

图3-12 中型会议空间
较具私密性，玻璃墙用磨砂玻璃贴膜或者百叶帘进行遮挡，立面要求具有媒体设备以及白板等。

图3-13 排座式大会议室可用移门进行多功能考虑

图3-14 会议室面积超过100m²，人数超过50人，则需要考虑排座式

3.2.2.2 视觉界面

会议室最好不要有太多窗户，避免室外光线和嘈杂声干扰会议室的视听效果。窗户应为双层玻璃，且必须考虑遮光窗帘或卷帘以隔绝自然光线。

会议室界面设计中首要考虑的因素为吸声。因为房间面积大，声波在室内传播时，要被墙壁、天花板、地板等障碍物反射，每反射一次都要被障碍物吸收一些。这样，当声源停止发声后，声波在室内要经过多次反射和吸收，最后才消失，我们就感觉到声源停止发声后还有若干个声波混合持续一段时间（室内声源停止发生后仍然存在的声延续现象）。这种现象叫做混响。降噪的方法主要选用声源控制及传播途径控制。室内声学装修处理就是要均匀布置各种吸声、反射声材料，避免出现回声，从而使房间达到理想的音质要求。吸声材料包括多孔型的吸声材料，如织物、纤维类，其本身内部就有大量的微孔；或是穿孔板，如穿孔石膏板、铝板等，采用机器穿孔，通过不同的孔隙进行吸声；或者是将薄板、水泥板固定在框架上，通过后面的封闭空腔形成振动进行吸声（图3-15）。

会议室主要的视觉界面为主立面，一般会议室以主要发言人所在的地方为主立面。会议室常规需要配备投影幕布或供视频会议的电视。可考虑配置白板或者白色

图3-15 办公室的立面材料为薄板

背漆玻璃以提供书写的需求。如设置背漆玻璃，则需要考虑笔槽的放置场所。幕布之后或者电视周围的背景墙与常规的需要吸引视觉注意的背景墙有所不同。会议室的主立面背景墙设计需要温和、不突出、淡化出视线，用以突出主展示区域的重要性(图3-16)。

靠员工区的侧立面配以卷帘或者百叶帘，在会议时可以封闭，在非会议时可以让空间的延伸感更强（图3-17）。

图3-16 立面配置电视及白板

图3-17 推拉的隔断玻璃使空间灵活多变

（a）

（b）

（c）

图3-18 方桌配合方形平面

3.2.2.3 家具与陈设

会议室的家具主要有会议桌和会议椅。小会议室自由一些，圆形的咖啡桌、配合平面的小方桌都可以排布（图3-18）。8人以上就需要长方形的会议桌了。会议桌一般为光滑表面的木饰面，且根据需求，主席位或每个会议位考虑配备话筒等设备。椅子考虑布面或皮面的会议椅，一方面考虑坐的舒适性，另一方面，织物能提供良好的声学性能。椅子脚采用不可转动的五星脚或门字脚，这与可转动、便于移动的员工转椅有所不同，因为会议室需要更为严肃、安静的环境。

非主要墙面可考虑挂画或者公司宣传图片等，顶面需要考虑相应的射灯配合（图3-19）。

图3-19 顶面均布条形灯管，侧面考虑射灯

3.3 办公区

从办公空间的组织结构而言，办公区指的是纵向职能部门中底层员工的工作位置。因为具体工作会被分配到每个人，所以员工所处的位置一般是由办公的工作进程（工作流线）决定的。所谓纵向联系是用来协调组织上层和下层间的活动，较低层级的员工应该根据上层目标进行工作，上层管理者应该了解下层的工作活动和完成情况。

在传统的办公区设置中，出于管理和监督的目的，办公的职能部门拒绝采用个人化的办公室，所有的办公空间都是充分敞开的，员工位于办公场所的中心。所有的办公桌面向一个方向，能够保证管理人员清楚地看到员工们正在做的事情。

3.3.1 性质与功能

传统的办公形式是隔间式办公，面积一般较小，可容纳单人或多人办公。这类空间的封闭性好、私密性高、受外界干扰小，因而现在仍被很多单位采用，特别是政府办公室，基本采用隔间办公形式。但是由于这类空间相对封闭，会造成部门之间联系不便，不利于工作组团的交流与沟通，同时也与现代办公空间高效、快节奏的工作氛围不太吻合。为了应对这一问题，在很多个性化的办公空间，常将隔间办公室的某一面或多面墙设计成玻璃隔墙[玻璃可以透明也可以半透明，还可以使用中空内夹百页玻璃隔墙（图3-20）]。通过这种设计手法，在保持隔间办公优势的同时拉近了工作人员之间的心理距离。

开放式办公是将若干部门置于一个大空间之中，而每个工作台通常又用矮挡板或矮柜分隔（图3-21）。其特点是节省空间，同时供电、信息线路、空调等设备容易安装，费用较低。这类办公空间的面积一般较大，周边没有完全封闭的隔墙，可以容纳多个组团共同办公。在平面布局上，各功能组团依据工作流程组织在一起，同一工作单元的成员之间联系紧密，不同功能组团适当分离。这种办公形式便于工作人员之间相互沟通和监督，同时也有效减少了交通面积，无形中增加了办公面积。但是，与大空间办公模式一样，这类办公室容易产生噪声干扰和私密性较差的问题。因而，开放式的办公室的顶面设计往往选用吸声效果较好的装饰材料，办公家具之间通常会设置隔断(隔断高度一般在1.3～1.5m之间，工作人员坐着办公时，相互交流的视线会被完全阻挡，保留私密性。

图3-20 如今的隔间办公区多采用透明玻璃窗的形式分隔开来，并配有百叶窗以便保证员工的办公私密性

图3-21 开放式办公空间员工区通过矮柜分隔员工位

3.3.2　设计要点

3.3.2.1　空间布局

办公区的空间类型主要分为以下两种。

（1）隔间式办公。欧洲的隔间式办公趋向于小型化，并且个性特征也非常突出。典型的隔间式办公建筑都具有适度的进深，大约在8.4m×2=16.8m（两个高层柱跨的间距），并在中间布置过道，两侧布置房间。

隔间式办公的空间特点是私人空间沿建筑周边或两边布置，中间形成走廊。线性的交通空间将个人的私密空间串联起来，具有清晰的导向性，同时也容易产生单调、枯燥的感觉。所有员工都在属于自己的场所中办公，使员工之间的交流减少，不利于员工之间的了解和合作。与开放列队式办公类似，在整个建筑内往往也单独设置一些休闲辅助空间，为员工提供休闲娱乐服务。

（2）开放式办公。开放式办公区易于交流，便于管理，各部门之间的工作联系方便，密切了职员与上级之间关系。

这样的空间模式能够最大效率地利用空间，在一定的办公空间中，容纳最多的工作人员。但开放式办公空间中不可避免会产生噪声和员工之间的相互干扰问题，影响了员工的工作效率，并且缺少私密性和舒适性。在毫无个性特征的空间中，员工在工作中可以方便地了解到彼此在干什么，但并不利于创造性的发挥，而且其较大的尺度和单调的空间形式并不利于员工之间的交流合作。但这种空间类型也不乏不少优点，因此在现代办公空间中非常适用（图3-22）。

在设计上，开放式的办公环境可以提高整个空间的通透性，给人视野开阔和空间大的感觉；无形之中为空间在视觉上做了扩容。

开放式办公可以灵活多变地进行功能区域的划分、布局和组织。灵活多变是开放式办公最大的优势和好处所在，无论是公司新增人员还是辞职人员的离开，都可以随意地安排员工位置的变化。

在现今的头脑风暴思维模式下，开放式办公可以很好地促进员工彼此间的交流沟通，虽然影响了员工的工作效率，但是会让办公变得不再那么枯燥乏味，对于公司团队的协同合作和凝聚力具有很好的促进作用。

在公司管理上，开放式的办公室可以起到相互监督的作用，这样无形之间就提高了办公效率。

3.3.2.2　视觉界面

现在的办公空间常用的空间模式是组合式空间。每个人拥有自己的独立工作空间，可以保证不受噪声的影响，并且能够享受到自然的通风和采光。而对于整个团队来说，中间共用的休闲空间为整个决策和小组内部的交流提供了环境条件（图3-23）。组合式办公是隔间式办公和景观式办公的结合，玻璃小隔间位于建筑的外围，内部是交流空间和交通空间的混合（图3-24）。这种空间特点是私密空

图3-22　开放式办公提高了空间通透性，白色的形式更显简洁明亮

图3-23　两侧为开放式办公，中间为走道及休闲场所

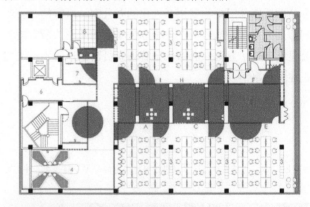

图3-24　一侧为隔间式办公，另一侧为开放办公区

间特点是私密空间和公共空间明确地分开，公共空间处于所有私密空间的中央，处于集中掌控的地位。在组合式办公空间设计中，沿建筑外围的隔间多采用隔间玻璃隔断墙，一方面有利于管理者监视员工的工作情况，也利于员工了解管理者在做什么。另一方面，玻璃减弱了围合办公室引起的封闭感，而且透明的玻璃也使光线能够进入内部空间，使大进深的空间有适量的采光。

开放式办公区的视觉界面基本都为清玻璃，玻璃适当贴膜或者加百叶帘。连续墙面或是柱子的界面处理方式主要由功能所决定，比如白板、黑板、软木等材料都是为了个人办公或团队办公时提高工作效率的定制化产品。

3.3.2.3 家具与陈设

开放式办公区的家具根据平面可以有一字形、Y字形、L形等办公桌面的选择，其常规尺寸为700mm×1400mm左右，可根据平面在家具厂定制。一般板材家具的定制周期在20天左右，因此需要家具选型定制与施工同时操作。

员工的椅子选择按照可调整高低、椅面可旋转角度的基本要求来确定。这部分将在第6章详细介绍。

办公区的陈设主要遵循使用方便的原则，办公的家具用品的位置首先要考虑工作位的使用效率，其次则是协调统一的原则，家具的材料色彩应与装饰立面、地面材料颜色协调统一（图3-25、图3-26）。

室内植物作为装饰性的陈设，在办公区的应用越来越普遍，从而也诞生了新兴的行业，即绿植的租赁，其提供前期的植物配置方案及后期每周的植物养护。

绿植能缓解眼部疲劳、放松心情、减轻压力，对于上班族最为适合。办公植物选择忌花、忌香。一般选择挺拔舒展、造型生动的观叶类植物，如龟背竹、巴西木等；文竹、绿萝等耐阴小盆栽适合朝北的办公空间（图3-27）。

图3-25 较为灵活的办公桌的摆放方式

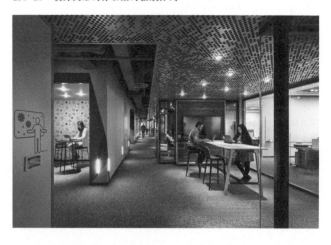

图3-26 开放式办公中局部设讨论区

图3-27 开放式办公区用了大量的绿萝
隔断上挂置绿植，除了可以缓解疲劳外，还可以起到阻隔视线、增加私密性的效果。

3.4 单间办公室

3.4.1 性质与功能

单间办公室多为企业中的管理人员使用，需要满足其办公、阅读、休息等办公需求。不同的办公性质决定了单间办公室的面积，不同的员工等级也决定了单间办公室的面积。

3.4.2 设计要点

3.4.2.1 空间布局

尽管有相当多的因素左右着办公室的尺寸，但框架结构的间距、办公室尺寸都受限于基本的建筑工业施工标准。通常开间为3的倍数，比如3m、6m、9m；如果是高层办公室则是以地下停车库制定的柱网开间，即8400mm×8400mm。因此，小尺度的私人办公室面积通常在12~18m²左右。此种办公空间多作为主管、部门经理等中低层办公人员的工作空间。18~36m²左右的尺寸属于中等尺度办公空间，多用于会计师事务所、律师事务所及企业中所有权平等的商业伙伴等中上管理层的办公场所。36~48m²属于大尺度办公空间，多为董事长或者其他高级管理人员所使用。在一个大型企业办公空间中这些人的人数并不会太多，他们的办公室一般占据靠近建筑外侧的端角位置，占据两个窗户开间尺度的面宽（图3-28）。

3.4.2.2 视觉界面

单间办公室的视觉界面一般情况下只有四个面，其中一个面为窗户，因此主立面为办公桌后面的背景墙。依照常规的平面布局，背景墙可为装饰墙面，使用饰面材料（木饰面、彩釉玻璃、墙纸、硬包、软包等），也可用书柜作为整体背景墙的一部分（图3-29）。

考虑到办公时的书写、阅读需求，窗户需用百叶、卷帘等方式进行遮光，一般不用窗帘，窗帘过于居家感。另一侧墙面可结合沙发等会客空间进行处理。根据办公性质，也可在墙体的装饰面上选择可书写的材料进行饰面，如白板、书写涂料、软木等。

图3-28 单间办公室设有办公桌、沙发座椅，以便会客使用。规模大小不同，形式则不同

（a）

（b）

（c）

图3-29 单间办公室的四个立面

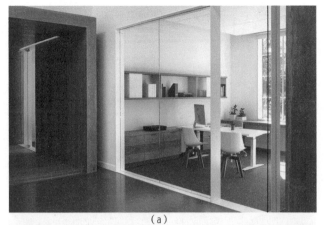

（a）

（b）

（c）

图3-30 单间办公室一侧墙体为整体书柜

3.4.2.3 家具与陈设

一般情况下，单间办公室的书柜平行于后墙，设置在后墙前。在柜体与墙面贴合时要留有几厘米的空隙，这样家具才不会与墙体发生任何碰撞，也便于电源线或数据线穿过。当家具靠窗排放时，家具和窗户之间要留出至少80mm左右的距离，方便安装落地窗帘或百叶窗。在书柜前摆放办公桌和工作椅时，则要留出至少1000mm的空间，这样方便工作椅的移动。办公椅与书柜保持平行，并与侧面墙体间留出足够空隙。办公桌前可摆放会客椅，面对着办公桌。凡是椅子前后都要留出一定足够移动的空间。需要注意的是办公桌尽量垂直于窗户布置，以免产生眩光。而当办公室的面宽达到或超过6m时，办工作桌与书柜的方向可进行90°旋转，使得办公桌、书柜与窗户呈垂直角度分布（图3-30）。另可考虑放置一组沙发及茶几在靠门处用以会客（图3-31）。

图 3-31 单间办公室内的会客空间

3.5 休闲区

3.5.1 性质与功能

传统公司没有休闲区的设置，公司管理层认为是浪费空间，也有人认为茶水间就是休闲。现在的新视角认为办公休闲区是一个大的概念，其应该是一个可以让企业员工在工作之余放松身心的地方，可以休息、娱乐、聊天。办公休闲空间作为缓解员工紧张工作的休息放松、交流娱乐区域，是人性化标志设计之一，体现了公司的人文关怀。

休闲区除了休闲外还可以承担什么功能呢？

（1）展示公司形象。休闲区设计得有特点且舒适，是每一个员工愿意对外展示的地方。

（2）作为面试的场所。面试多在会议室或是人事办公室，而轻松的面试可以安排在休闲区，既展示了公司的形象，又体现了公司的人文关怀。

（3）内部交流。会议室、接待室都被占用的情况下，休闲区可以代替会议室作为小组讨论、员工交流的地方，环境较为宽松，且能激发员工创意（图3-32）。

（4）商务洽谈。与公司的业务往来客人在休闲区进行交流，比正统的会议室气氛更为友好，可以提供饮料与小食，气氛显得更为和谐。

通常休闲空间不直接面对办公区域，而是设置在相对隐蔽的地方，以远离或区别办公区域紧张的工作状态。一般休闲空间造型新颖、有个性，会搭配各种绿化、充足的阳光或柔和的人工光源，营造轻松、愉悦的环境。休闲空间一开始只是为员工提供休息室、茶水的地方，发展到现在成为更多元化的咖啡休闲、图书阅读、娱乐健身甚至餐厅等，其内容及功能越来越丰富（图3-33、图3-34）。

图 3-32 提供面试或商务洽谈区域

图 3-33 休闲空间结合健身空间

图 3-34 休闲空间增加了员工之间交流的可能性

3.5.2 设计要点

3.5.2.1 空间布局

如果说办公区是办公空间的主要核心，那么休闲区则是办公空间的灵魂，是最能体现企业文化及企业氛围的场所。休闲区的空间布局以某种功能为主要出发点进行布局。

（1）水吧。水吧主要提供员工工作休息之余的茶水、咖啡等，空间布局上有两种：一种吧台靠背景墙放置，休闲椅则占据较大空间成组放置；另一种是以吧台为中心，吧椅则环绕进行布置（图3-35）。

（2）阅览区。对于智业型公司，人才培养的空间是公司在装饰室内设计时需要着重考虑的一个部分。因此根据公司培训需求，阅览区有大有小，小的可参照吧台区设置，大的则可根据需求空间进行合理规划。

（3）健身区。娱乐类的健身区，可考虑乒乓球、桌球等，若空间有限，则考虑桌游、台上足球等娱乐类（图3-36）。

专业的健身区则需研究相关器材的尺寸及使用方式进行合理的平面排布（图3-37）。

（4）休息区。办公空间的休息区功能灵活多样。一般设有休息的沙发座椅、餐饮吧台或是开放式茶水间等，提供多种休闲、娱乐方式。可布置可移动、自由组合的时尚家具和活动阶梯看台。家具色彩和形式活跃，为员工提供一个轻松、灵活的休息空间（图3-38）。

图 3-37　越来越多的办公空间专门开辟了独立的健身场所

图 3-38　提供娱乐功能的休息区

图 3-35　水吧与餐厅

图 3-36　提供瑜伽球的休闲空间

3.5.2.2　视觉界面

休闲区基本为开敞空间，因此，其视觉界面主要是通过顶与地面的相互关系来限定空间。通常为色彩丰富的地毯，以及近似形状的顶面造型，材料则多为木质或形态多样。视觉感受有以下几种设计方向。

（1）简约时尚的休闲区设计。简约时尚风格设计，重视空间的使用效能，强调空间布置按功能区分进行。办公家具布置与空间配合度高，废弃多余的、烦琐的附加装饰，在色彩、造型、灯光上追随时尚。追求室内空间的简略，摒弃不必要的浮华，简约而不简单。

（2）创新舒适的休闲区设计。锐意创新舒适的休闲区设计可以让员工在休闲时更加放松，更富有激情，更加有想象力，甚至能够激发思维，更好地投入到高效的工作中去。

（3）绚丽色彩的休闲区设计。办公室休闲区设计运用各种绚丽色彩，丰富整个休闲区内容，在休闲之余添加一抹亮色。

（4）高贵典雅的休闲区设计。有些行业的休闲区也作为接待区，所呈现出来的是高大上的感觉。

（5）简单实用的休闲区设计。有些公司也想给员工好的福利，但是办公场地面积受限，只能尽量挤出空间来做休息区，所以简单实用的设计最为高效。

3.5.2.3　家具与陈设

现代型办公空间的休闲区，多采用色彩彩度较高的织物座椅提高温馨感或是肌理质感较好的木纹。装饰画与绿植的摆放也是休闲区中陶冶情操的一部分内容。

休闲区的座椅选择是根据具体的功能而确定。了解客户需求，深入讨论休闲区的功能定位尤为重要。例如750mm高度的桌子用以提供正常的用餐及茶水功能；而450mm高度的茶几，配以低位沙发则适合休闲、放松的气氛（图3-39、图3-40）。

图 3-39　低位的沙发更为舒适，适宜休息

图 3-40　高位的桌椅适于满足用餐需求，舒适性略低

思考与延伸

1.简述办公空间包含的几种不同功能。

2.开放办公区的办公桌的摆放有几种不同的方式。

第 4 章 办公空间的常用材料

　　室内装修材料是指用于建筑内部墙面、顶棚、柱面、地面等的罩面材料。现代室内装修材料，不仅能改善室内的艺术环境，使人们得到美的享受，同时还兼有绝热、防潮、防火、吸声、隔声等多种功能，起着保护建筑物主体结构、延长其使用寿命以及满足某些特殊要求的作用，是现代建筑装修不可缺少的一类材料。

4.1 常用地面材料

　　办公空间室内设计地材的选取主要是以耐磨耐用为基本原则，常用的地面材料有石材、瓷砖、木地板、聚氯乙烯（PVC）卷材或块材、地毯等。下面选取三种办公空间室内设计中常用的材料进行介绍。

4.1.1 地毯

　　地毯是办公空间中最为常用的地材，它与其他材料相比有着美观、吸声降噪等特点。地毯是最有效的声学材料，能够吸收室内回声、噪声，减少声音通过地面墙壁的反射和传播，创造一个安静的办公环境。在各类型室内空间中，地毯在办公区及会议室最为常用（图4-1、图4-2）。

图4-1　拼接而成的方块地毯，使空间有一定的设计感

图4-2 满铺地毯风格统一规整

图4-3 割绒地毯

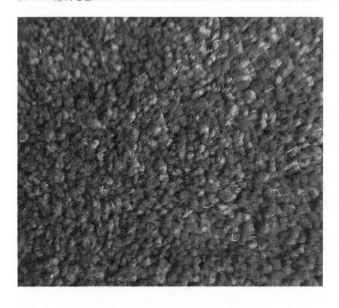

图4-5 通过簇绒的高低变化形成不同的装饰花纹

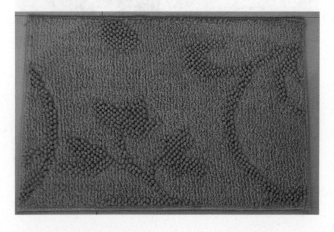

4.1.1.1 性能及分类

（1）按照制作工艺，地毯主要可分为割绒地毯与绒圈地毯（图4-3、图4-4）。割绒地毯是把地毯的表层毛绒进行剪割工艺处理，使表面布满绒毛，看上去更柔软。一般割绒地毯采用的是单面割绒，也可以进行割绒处理后再印花相互映衬。割绒地毯可以是手工地毯也可以是机织地毯。割绒地毯的绒面结构呈绒头状，绒面细腻，触感柔软，绒毛长度一般在5～30mm之间。绒毛短的地毯耐久性好，步行轻捷，实用性强，但缺乏豪华感，舒适弹性感也较差。绒毛长的地毯柔软丰满，弹性与保暖性好，脚感舒适，具有华美的风格。

绒圈地毯的绒面由保持一定高度的绒圈组成，具有绒圈整齐均匀、毯面硬度适中而光滑、行走舒适、耐磨性好、容易清扫的特点，适用于铺设在步行量较多的地方。若在绒圈高度上进行变化，或将部分绒圈加以割绒，就可显示出图案，花纹含蓄大方,风格优雅(见图4-5、图4-6)。

图4-4 不同色绒圈地毯选样

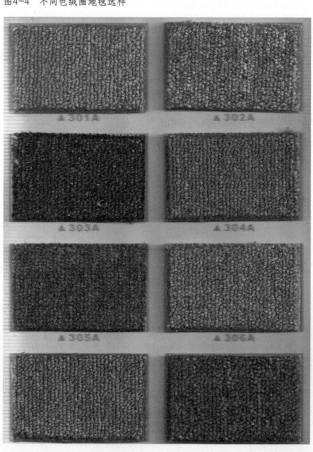

（2）按照规格，地毯分为方块地毯与满铺地毯。满铺地毯为卷材，规格通常为3.6～4.0m门幅，长25m，质量400～700kg/卷，如果没有配套的叉车和大型货梯，搬运满铺地毯的难度非常大。满铺地毯花纹可定制，用在高档的经理室、会议室等场所。地毯的前期设计是以工地的CAD图纸尺寸作为依据的。当工地进度接近尾声时，地面处理完毕，土建工程结束，此时工地具备了现场数据测量的条件，工作人员需赴工地现场测量准确数值。地毯设计师要根据实际测量尺寸重新对方案做调整、确认。

方块地毯为块材，主流规格为500mm×500mm，不需底垫，安装时只需涂上水性胶水，即可施工。如果不损害原地面，使用地毯专用双面贴也行（图4-7）。对于局部磨损、脏污的方块地毯只需逐块取出更换或清洗即可，完全不必像满铺地毯那样全面换新，省心省力又省钱。因此，方块地毯拆装便捷的特点为及时维护架空地板下的电缆、管网的设备提供了方便。

4.1.1.2 材料应用

方块地毯具有以小拼大、任意组合图案、创意随心所欲等特点。通过对不同颜色、图案、纹路的创意性搭配，按业主意图或特定场所的风格对地毯整体视觉效果进行再创作，既可呈现随意、简约、闲适的自然趣味，也可以表现严谨、理性、规整的空间主题，还可选择突出前卫、个性等审美倾向的现代风格。且方块地毯可裁切、斜切或是曲线切割，为设计师的设计提供了多种可能性。方块地毯的拼花设计落实到施工上，则需要设计师提供平面尺寸及带色块编号的图纸，才能便于施工人员的理解，并进行有效施工（图4-8～图4-12）。

图4-6 表面不同处理的地毯
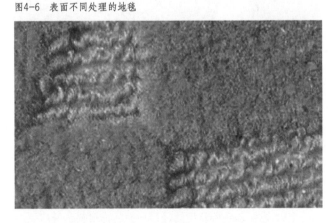

图4-7 底部自带胶

图4-8 地毯拼花在平面图上的表达
用AutoCAD软件进行拼花的详细尺寸定位，并且通过灰度的不同设置来区分不同色号的地毯铺设位置。用Photoshop等图形图像软件进行地毯平面色彩模拟化的表达，为施工人员施工提供参考。
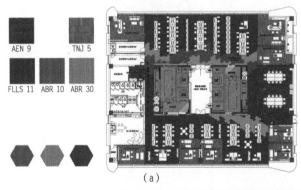
（a）

（b）

图4-9　地毯拼花的实景效果

图4-10　不同色、同质地毯可以通过拼贴设计带来耳目一新的效果

（a）

（b）

图4-11　块毯的新纹理
了解地毯新产品的花纹能够达到的效果，针对相应的办公空间，走道应设计体现节奏感的拼接方式，休闲区则为活跃型。

（a）

图4-12　折线与曲线都可以通过裁剪完成

（a）

（b）

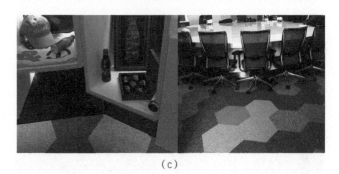

（c）

4.1.2　PVC地板

PVC地板是一种新型的轻质地面装饰材料，被广泛应用在公共空间中。PVC地板是一个统称，它有很多种类，包括塑胶地板、石塑地板、亚麻地板、防静电地板等。其中石塑地板的主要原材料是天然石粉，因此主要是块材；亚麻地板则是增加了亚麻籽油、软木、树脂等成分，更为天然环保；防静电地板则是成分中添加了导电材料，适用于机房、特殊病房等。

4.1.2.1 性能及分类

（1）按照制作工艺分，主要有多层复合型、同质透心型及半同质体型三种。多层复合型PVC地板就是有多层结构，一般是由4~5层结构叠压而成，一般有耐磨层（含UV处理）、印花膜层、玻璃纤维层、弹性发泡层、基层等。同质透心型PVC地板就是上下同质透心的，即从面到底，从上到下，都是同一种花色（图4-13、图4-14）。

同质透心的好处在于面层如有磨损，磨损后呈现的依然是同样的材料，因此小于4mm深度的划痕可以利用同质透心的特性，用同样材料进行修补，可打蜡后恢复原样。同质透心的花纹有两种，即拉花型和竖条方向型（图4-15）。

多层复合PVC地板的耐磨性较差，且施工需要多次打蜡，但其彩色层色彩丰富多样，纹理逼真，可以有大理石、瓷砖、地毯、木纹等纹理，且能有真实地板的凹凸效果（图4-16）。

（2）从规格上分为卷材地板和片材地板两种。所谓卷材地板就是质地较为柔软的一卷一卷的地板，一般其宽度有1.5m、2m等，每卷长度有20m,总厚度有1.6~3.2mm。

图4-13 PVC地板

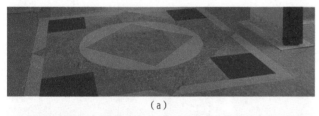

（a）

（b）

图4-14 半同质体型地板

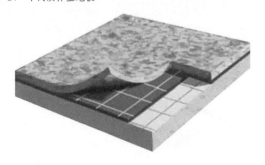

图4-15 同质透心型PVC地板

图4-16 多层复合PVC地板
可以选择不同材料进行相应的裁剪和拼贴。因为其卓越的曲线拼接能力，因此设计师较多进行曲线拼贴。

（a）

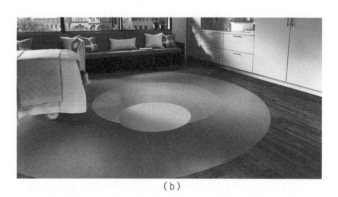

（b）

（c）

（仅限商用地板，运动地板更厚，可达4mm、5mm、6mm等）。片材地板的规格较多，主要分为条形材和方形材。

条形材的规格主要有：4in×36in（101.6mm×914.4mm）、6in×36in（152.4mm×914.4mm）、8in×36in（203.2mm×914.4mm），厚度1.2～3.0mm。

方形材的规格主要有：12in×12in（304.8mm×304.8mm）、18in×18in（457.2mm×457.2mm）、24in×24in（609.6mm×609.6mm），厚度1.2～3.0mm。

4.1.2.2　材料应用

由于优越的性能和对环境的保护，PVC地板在发达国家已经普遍替代了瓷砖和木质地板，成为地面装修材料的首选。

PVC地板出现后，由于其良好的清洁性能首先被用在学校、交通站点、医院等人流量较大的场所，随着其纹理的丰富及复合材料的产生，逐渐被多种场合使用。

PVC地板的花色品种繁多，如地毯纹、石纹、木地板纹等，甚至可以实现个性化订制（图4-17）。纹路逼真美观，配以丰富多彩的附料和装饰条，能组合出绝美的装饰效果。且其具有绿色环保，超轻超薄，超强耐磨，高弹性，超强防滑，防火阻燃，防水防潮，吸音防噪，抗菌性能好，接缝小及无缝焊接等特点，为设计师提供了更多的可能。

特殊花色的PVC片材地板经严格的施工安装，其接缝非常小，远观几乎看不见接缝；PVC卷材地板用无缝焊接技术可以达到完全无缝，这是普通地板无法做到的，也因此可以令地面的整体效果及视觉效果得到最大限度的优化（图4-18）。在对地面整体效果要求较高的环境如开放办公区、大型会议室等，PVC地板是最理想的选择。用较好的美工刀就可以任意裁剪，同时可以用不同花色的材料组合，充分发挥设计师的聪明才智，达到最理想的装饰效果（图4-19）。

PVC地板由于其材料柔软，富有弹性的特性，使得曲线裁剪非常方便，且切口光滑、整齐，是所有地面材料中最易表达设计师的曲线创意的材料（图4-20）。

图4-17　特殊定制的PVC地板

图4-18　PVC卷材已经大量运用于办公类场所，设计师根据其易拼接的特性，在CAD图上进行裁剪处的定位以帮助施工人员施工

（a）

（b）

（c）

图4-19　PVC木质地板代替了木质地板，类型多样，可以拼接搭配，营造不同的空间装饰效果

（a）

（b）

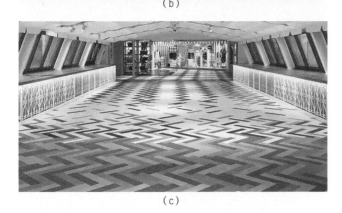

（c）

图4-20　弧形裁剪与拼接现阶段施工没有难度

4.1.3　硬质块材地面

本部分主要介绍石材、微晶石、瓷砖等硬质的材料作为铺地材料在办公设计的铺地设计中的应用。

4.1.3.1　石材

石材分为天然石材及人造石材。

（1）天然石材。天然石材在装饰方面主要应用的是大理石与花岗岩，室内地面常用的是大理石地板砖。大理石是地壳中原有的岩石经过地壳内高温高压作用形成的变质岩，由于其天然性，每一块的大理石地板砖纹理都是不同的。大理石有几十个不同的品种，颜色的选择范围从黑色到粉红色到白色，甚至有深绿色含白色纹理。相对于花岗岩而言，大理石材质较软，因此需要每周1～2次用石材护理剂配纳米羊毛垫进行护理，保持其光亮度。长期使用，若不进行维护，则会出现空隙、黯淡等问题，前期投入较大，后期维护成本也不低（图4-21、图4-22）。

天然石材常见的尺寸有1000mm×1000mm、800mm×800mm、800mm×1000mm等（图4-23）。

图4-21　大理石

图4-22　大理石一般用在高档办公场所地面，浅纹理使得整个空间简洁大方

（2）人造石材。人造石材通常是指人造石实体面材，主要成分是树脂、铝粉、颜料和固化剂，应用于建筑装饰行业中，是一种新型环保复合材料，有着以下优点。

① 色彩丰富，应有尽有。有纯色的，如白色、黄色、黑色、红色等；还有麻色，即在净色板的基础上，添加不同颜色、不同大小的颗粒，创造出色彩斑斓的各种色彩效果。

② 无放射性污染。不同于天然石材，人造石材的材料经过严格筛选，不含放射性物质，消费者可放心使用。

③ 硬度、韧性适中。天然石材硬度大，脆性大，不耐撞击，易破碎，人造石材的耐冲击性比天然石材好。

④ 加工制作方便。人造石的硬度和韧性已调整到一定范围。凡是木工用的工具和机械设备都可以用于人造石材的制作加工，可粘接(利用专用胶水，各种台面均可接得"天衣无缝")，可弯曲，可加工成各种形状，这是天然石材无法比拟的（图4-24）。

人造石材常见的尺寸如下。长度不超过3680mm，包括标准尺寸2440mm、3050mm、680mm；宽度960mm；厚度6mm以上，包括6mm、12mm、15mm、20mm、30mm这样的标准厚度。

石材及微晶石作为常用的办公地面及墙面材料，有着花纹美观、多变、选择性多、尺寸多样、易清洁等特点，常用在接待处、餐厅、会议室（局部）等公共区域。设计师可以通过不同颜色、不同规格或不同纹理进行拼贴设计，使之符合空间特性。

4.1.3.2 微晶石

微晶石是一种新型的装饰建筑材料，其中复合微晶石称为微晶玻璃复合板材，是将一层3～5mm的微晶玻璃复合在陶瓷玻化石的表面，经二次烧结后完全融为一体的高科技产品（图4-25）。

微晶石的厚度一般为13～18mm，光泽度大于95。它有着玻璃的光泽以及不受污染、易于清洗、内在优良的物化性能，另外还具有比石材更强的耐风化性、耐气候性。由于其色彩纹理接近石材，且无辐射及良好的化学稳定性，相对于石材，成本能降低不少，故微晶石已经替代石材成为市场的新宠儿。

微晶石常见的尺寸有1000mm×1000mm、800mm×800mm、600mm×900mm等。

图4-23 天然石材运用在地板上使空间有自然惬意的氛围

图4-24 人造石

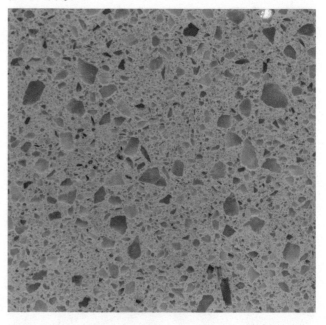

图4-25 微晶石

4.1.3.3 瓷砖

瓷砖作为传统的建筑材料，现今也有了新发展，在工装市场上，仿古砖的使用度较高。仿古砖属于一种独特的瓷砖产品，与瓷片基本是相同的，唯一不同的是在烧制过程中，仿古砖仿造以往的样式做旧，实质上是上釉的瓷质砖，用带着古典的独特韵味吸引着人们的目光。常见的类型有单色砖、花砖（图4-26、图4-27）。为体现岁月的沧桑、历史的厚重，仿古砖通过样式、颜色、图案，营造出怀旧的氛围，造成经岁月侵蚀的模样，以塑造历史感和自然感（图4-28）。另外，仿古砖的踩踏感一般都很舒适，踩上去有踏实、温暖、放松的感觉。仿古砖既保留了陶质的质朴和厚重，又不乏瓷的细腻润泽，它还突破了瓷砖脚感，加上瓷砖本身花色易于搭配组合，尤其能在瓷砖上印上与墙面装饰相结合的图案，增加了空间的整体性（图4-29）。

图4-26 仿古瓷砖类型

（a）单色砖

（b）单色砖

（c）半抛砖

（d）哑光砖

（e）花砖

（f）花砖

图4-27 水泥灰砖

图4-28 仿古瓷砖容易营造出一种复古怀旧的空间氛围

图4-29 地材强化了设计构件的形态

（a）

（b）

4.2 常用顶面材料

办公空间的顶面材料选择以提高办公区的声学性能为主要标准。常用的顶面材料有石膏板吊顶、矿棉板吊顶、金属吊顶等。

4.2.1 石膏板吊顶

4.2.1.1 性能及规格

石膏板是以建筑石膏为主要原料制成的一种材料，是装修中使用最多的吊顶材料。它是一种重量轻、强度较高、厚度较薄、加工方便以及隔声绝热和防火等性能较好的建筑材料，是当前着重发展的新型轻质板材之一。正是因为石膏板重量轻，质地脆，所以它很容易做出造型来（图4-30）。

图4-30 轻钢龙骨石膏板吊顶龙骨施工阶段

石膏板的标准规格有：长度1500mm、2000mm、2400mm、2700mm、3000mm、3300mm、3600mm；宽度900mm、1200mm。

石膏板主要有以下几种类型。

（1）纸面石膏板。纸面石膏板是以石膏料浆为夹芯，两面用纸作护面而成的一种轻质板材。纸面石膏板质地轻、强度高、防火、防蛀、易于加工。普通纸面石膏板用于内墙、隔墙和吊顶。

（2）无纸面石膏板。是一种性能优越的代木板材，以建筑石膏粉为主要原料，以各种纤维为增强材料的新型建筑板材，外表省去了护面纸板，其综合性能优于纸面石膏板。

（3）装饰石膏板。装饰石膏板是以建筑石膏为主要原料，掺加少量纤维材料等制成的，有多种图案、花饰的板材，如石膏印花板、穿孔吊顶板、石膏浮雕吊顶板、纸面石膏饰面装饰板等。

（4）石膏空心条板。石膏空心条板是以建筑石膏为主要原料，掺加适量轻质填充料或纤维材料后加工而成的一种空心板材。这种板材不用纸和黏结剂，安装时不用龙骨，是发展比较快的一种轻质板材。主要用于内墙和隔墙。

（5）纤维石膏板。纤维石膏板是以建筑石膏为主要原料，并掺加适量纤维增强材料制成。这种板材的抗弯强度高于纸面石膏板，可用于内墙和隔墙，也可代替木材制作家具。

除传统的石膏板外，还有新产品不断出现，如石膏吸音板、耐火板、绝热板和石膏复合板等。石膏板的规格也向高厚度、大尺寸方向发展。

4.2.1.2 材料应用

常见的白色大平顶都为石膏板吊顶，常用于会议室或单间办公室。造型上石膏板十分有优势，尤其是做顶面的曲线折线等造型。造型类石膏板吊顶常用于开放办公区、休闲区等。石膏板也有穿孔型，如穿孔吸音板，即在贯通于石膏板正面和背面有圆柱形孔眼，孔眼的大小、分布、形状可以有多种选择（图4-31）。

常见的弧形吊顶主要材料都是石膏板。制作方法是先根据高度在墙上及地面上进行放线，然后安装吊杆，通过异形龙骨、折板进行造型（图4-32～图4-34）。

图4-31 石膏板类型

（a）穿孔石膏板   （b）普通石膏板

图4-32　石膏板的可塑性很强，曲线折线都可以通过木龙骨的帮助完成

图4-33　局部石膏板吊顶
休闲区中大部分为原始暴露顶，在相应的功能区上方利用四边形形态的石膏板多块吊装，形成空间的限定。

图4-34　局部石膏板吊顶
出于空间限定的考虑，该空间采用局部吊顶以配合地面的斜线铺地，限定了休闲的座椅区域。

4.2.2 矿棉板吊顶

矿棉板一般指矿棉装饰吸声板。以粒状棉为主要原料加入其他添加物高压蒸挤切割制成，不含石棉，防火吸声性能好。表面一般有无规则孔或微孔（针眼孔），可涂刷各种色浆（出厂产品一般为白色）。图4-35为矿棉板吊顶上的电气设备。

4.2.2.1 性能及分类

矿棉板主要是以矿物纤维棉为原料制成，最大的特点是具有很好的隔声、隔热性能。其表面有滚花和浮雕等效果，图案有满天星、毛毛虫、十字花、中心花、核桃纹、条状纹等。矿棉板能隔声、隔热、防火，任何制品都不含石棉，对人体无害，并有抗下陷功能。主要通过龙骨吊装。主要尺寸有600mm×1200mm、600mm×600mm、300×600mm等（图4-36）。

图4-35 矿棉板吊顶上的电气设备

顶部的设备可以在矿棉板上居中挖洞安装，也可以选用同规格尺寸的设备（通风口，格栅灯等）进行替换安装，如图（a）。可以通过一定的间距，整合在一定区域内安装。如图（b），长方形空调风口与工作条灯的尺寸约为200mm×600mm；如图（c）和（d），空调的出风口、回风口及格栅灯盘的尺寸均为600mm×600mm，与矿棉板的规格一致。

图4-36 矿棉板

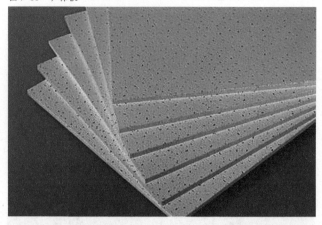

图4-37 会议室里多采用吸音板，形式多样，既美观又有装饰性

（a）

（b）

（c）

（d）

4.2.2.2 材料应用

因为矿棉板是多孔材料，所以它具有良好的吸声效果，因此在办公区及会议区等人声较多、空间较大、易产生回声效果的地方较为常用。根据矿棉板的常规材料尺寸，有相应的灯具进行配置。可根据想营造的效果，选择隐框或者明框，明框也有不同的尺寸与颜色的选择（图4-37）。

4.2.3 金属吊顶

4.2.3.1 性能及分类

金属吊顶分为金属板材吊顶、条状吊顶等(图4-38)。

（1）金属板材吊顶。金属板材吊顶在办公设计中较常用的为穿孔铝板吊顶。根据声学原理，利用不同穿孔率的金属板来达到消除噪声的效果。孔根据需要有圆孔、方孔、长方孔、三角孔，大小组合不同孔型。规格尺寸有300mm×300mm,600mm×600mm, 300mm×1200mm, 600mm×1200mm等。

（2）条状吊顶。条状吊顶有铝方通与铝垂片两种。铝方通（U形方通、U形槽）是近几年来生产的吊顶材料之一，属于半开放吊顶，可直接安装在暴露顶之下，其线条明快整齐，层次分明，体现了简约明了的现代风格，安装拆卸简单方便，成为近几年风靡装饰市场的主要产品。

铝方通底宽一般为20～40mm，高度20～200mm，厚度0.4～3.5mm。

注意：长度是6m内任意定制，特殊尺寸可根据具体情况定制，颜色可根据需求喷涂。

铝垂片吊顶，顾名思义就是单片的铝材通过侧边的造型形成卡扣固定在龙骨上，厚度0.6～1.2mm不等，6m内任意定制。

图4-38 金属吊顶

（a）铝垂片

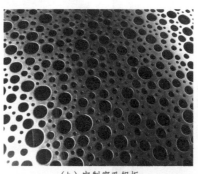

（b）定制穿孔铝板

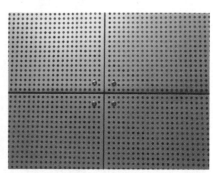

（c）普通穿孔铝板

（d）钢网板

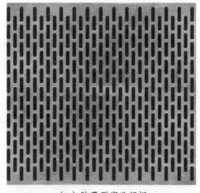

（e）胶囊型穿孔铝板

4.2.3.2 材料应用

在金属板材吊顶中，铝板吊顶较为普遍，其表面可以做烤漆处理，不但耐磨性提高，也有多种颜色选择。设计中可以如矿棉板吊顶一样，通过龙骨进行整体安装（图4-39、图4-40）；也可以作为独立构件在空间中进行单独吊装（图4-41）。金属板吊顶中的穿孔铝板由于声波会沿着孔隙进入材料内部，与材料发生摩擦之后将声能转化为热能而达到吸声的作用，因此这种材料多用于高空间的会议室（图4-42～图4-44）。

安装不同的铝方通时，可以选择不同的高度和间距，可一高一低，一疏一密，加上合理的颜色搭配，令设计千变万化，能够设计出不同的装饰效果。同时，由于铝方通是通透式的，可以把灯具、空调系统、消防设备置于天花板内，以到达整体一致的完美视觉效果（图4-45）。木质的纹理由于其暖色调一直受到人们的喜爱，然而木条受限于本身材料的性能，遇潮或使用年限长久容易变形，因此吊顶无法使用，现代工艺可以将木质纹理喷涂在铝方通上，达到形似木格栅的效果（图4-46）。

图4-41 穿孔铝板可以定做为曲面式样

（a）

（b）

图4-39 穿孔铝板可以定做为折板

图4-40 铝板的颜色可以通过烤漆来达到多色的效果

图4-42 会议空间的穿孔铝板可达到消音的效果

图4-43 铝格栅吊顶在遮挡暴露顶的同时，为灯具的艺术化安装提供了可能

图4-44　金属板吊顶
铝板的大小与孔隙率可以通过定制来达到，尤其在大空间如报告厅、健身房等较高空间，穿孔铝板能提供较好的声学性能。

图4-45　铝方通吊顶
铝方通可以通过间距不同、颜色不同、角度不同来达到变化的效果，常规是在方通的间隙处加上长条灯管来强调某方向上的轴线。铝方通本身有一定的尺寸限制，因此，尺寸的控制可以通过设计解决。因为长度有所限制，因此将方通按照设计风格，可曲线相错安装，也可以通过立面划分短线段进行安装。

（a）

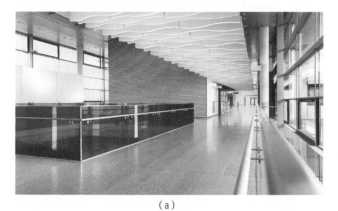
（a）

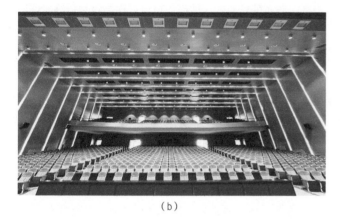
（b）

（b）

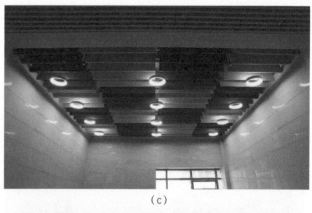
（c）

（c）

（d）

图4-46 木铝纹方通

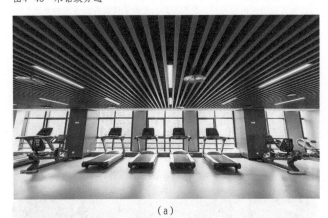

(a)

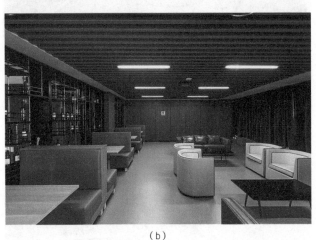

(b)

4.3 常用墙面材料

墙面材料总体而言分两种。一种为自承重结构材料，且表面不做修饰，直接展示结构材料，如钢板、青砖、红砖等。另一种为饰面材料，即在结构材料上进行粘贴装饰美化的材料。以下选取几种主要饰面材料进行说明。

4.3.1 织物墙纸

织物是纤维、纱线和布料的总称。织物可直接作为墙纸、墙布的材料贴于墙面，也可以作为织物包饰对墙面进行装饰（图4-47）。

墙纸也称为壁纸，是一种用于裱糊墙面的室内装修材料，广泛用于住宅、办公室、宾馆、酒店的室内装修等。材质不局限于纸，也包含其他材料（图4-48~图4-52）。

4.3.1.1 性能及分类

布料可贴在墙上来增加墙体的美观，用于墙体的布料应编织紧密，结构结实。帆布、粗麻布、波纹绸、条纹棉麻布、棉绒、棉缎都可作为墙纸。

图4-47 织物

图4-48 布面墙纸

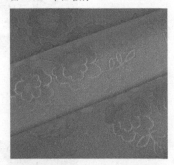

图4-49 锦缎墙纸

图4-50 墙纸

图4-51 棉纺墙纸

图4-52 化纤装饰墙纸

织物包饰是用布艺织物对某一物品或部位进行装饰的一种施工手段，有织物软包与织物硬包之分。

软包是一种在室内墙表面用柔性材料加以包装的墙面装饰方法；硬包是一种在室内墙表面用面料贴在木板上包装的墙面装饰方法。两者的区别主要在于：在面料和底板之间夹衬海绵的为软包，面料直接贴在底板上的则是硬包。

织物软包或硬包规格一般不超过基层板的尺寸，即1200mm×2400mm。也可以超过基层板规格，基层板靠榫接的方式拼接，但是设计需要考虑基层板的特性，过宽或过长容易翘曲。

织物墙纸分为以下几种。

（1）PVC塑料墙纸。其表面主要采用PVC树脂，这种墙纸是分层的。

（2）发泡墙纸。这种墙纸松软、厚实，表面呈现有弹性的凹凸状或有花纹图案，形如浮雕、木纹等。

（3）天然材质墙纸。这种墙纸由天然材质制成，如木材、草等，古朴自然，素雅大方。缺点是饮料或啤酒洒在墙纸上容易产生化学反应，使墙纸变色。

（4）纯纸墙纸。纯纸墙纸是全部用纸浆制成的天然墙纸，透气性好，吸潮，是一种环保低碳的理想家装材料。清洁纯纸墙纸不能直接用水洗。

（5）木纤维墙纸。环保型和透气性是最好的，使用寿命最长，堪称墙纸中的极品。花色柔和自然，对人体没有任何化学侵害，是健康家居的首选。它经久耐用，可用水擦洗，可用刷子清洗，但是长期的阳光直射会让墙纸变黄。

（6）无纺布墙纸。由于采用天然植物纤维无纺工艺制成，具有拉力强、环保、不发霉、不发黄、透气性好、易清洁的优点。

4.3.1.2 材料应用

织物硬包或织物软包可以作为墙面的装饰材料。织物硬包由于基层板的材料特点，可以用钉子挂画等装饰品，也可以用于办公中的讨论空间或展示空间，可经常更换展示品。织物软包内的海绵有很好的吸声性能，因此在会议室、办公区等人群密集的地方较适用（图4-53～图4-57）。

织物本身也可作为软隔断（帷幕）来分割空间。不论硬包还是软包都需要考虑因材料本身的规格受限，需要对材料进行分隔处理。一般在界面中进行均分或是根据空间限定的设计想法进行切分，且需要考虑倒角，倒角越大，织物分块之间距离越小，倒角越小，则织物分块之间距离越大。

花纹类墙纸在家居空间中使用较多，办公空间中素色或是布纹类墙纸应用较多。

图4-54 办公区的墙面软包具有私密安全感

图4-53 地毯与墙面软包相呼应，使会议室风格统一

图4-55 常见的办公室硬包

图4-56 办公休闲区具有设计感的硬包形式，为空间带来了放松感

图4-57 墙面用软木饰面
墙面的软木板作为织物硬包可当做办公空间中的展示和讨论空间。暖黄色调的软木板与空间中的地毯在材质方面相呼应，使空间相统一。

4.3.2 木饰面

木饰面的全称是装饰单板贴面胶合板，是将天然木材或科技木刨切成一定厚度的薄片，黏附于胶合板表面，然后热压而成的一种用于室内装修或家具制造的表面材料。

4.3.2.1 性能及分类

常见的饰面板分为人造薄木贴面与天然木质单板贴面，其外观区别在于前者的纹理基本为通直纹理或图案有规则；而后者为天然木质花纹，纹理图案自然，变异性比较大，无规则，既具有木材的优美花纹，又充分利用木材资源，降低了成本。

饰面板也可按照木材的种类来区分。市场上的饰面板大致有柚木饰面板、胡桃木饰面板、西南桦饰面板、枫木饰面板、水曲柳饰面板、榉木饰面板等。

人造饰面板常用的板材有防火板、科技木、生态板等。

防火板表面装饰采用耐火建材，由表面防火材料与板材压贴在一起制成。选用的时候，可根据尺寸和花色要求，由生产商进行加工。由于是贴面，防火板可以处理得很灵活，因此也会有很多的花色，让设计师有很大的挑选余地。相对于传统材料，如石材、木板来说，防火板是机制产品，因此，性能会更加稳定，不会发生变色、裂纹、透水等问题。

科技木是以普通木材（速生材）为原料，采用电脑模拟技术设计，经过高科技手段制造出来的仿真甚至优于天然珍贵树种木材的全木质新型表面装饰材料。它通过染色、按纤维方向涂胶组坯、胶合层压成木方后再锯制成板材或刨切成薄木（图4-58）。其规格尺寸一般为2440mm×1220mm、1000mm×2000mm等。

生态板指中间所用基材为拼接实木(如马六甲、杉木、桐木、杨木等)的三聚氰胺饰面板。主要用于家具、橱柜衣柜、卫浴柜等领域（图4-59~图4-61）。

图4-58 科技木皮

图4-59 生态板的结构示意

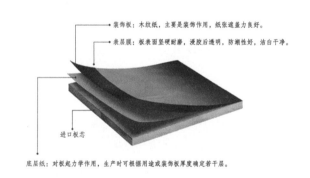

装饰板：木纹纸，主要是装饰作用，纸张遮盖力良好。

表层膜：板表面坚硬耐磨，浸胶后透明，防潮性好，洁白干净。

进口板芯

底层纸：对板起力学作用，生产时可根据用途或装饰板厚度确定若干层。

图4-60 生态板的花色选择

图4-61　生态板

4.3.2.2　材料应用

不论是实木，还是三聚氰胺，或是科技木，办公空间设计中常用的都是其贴皮材料，即饰面板。其与织物硬包、软包一样受板材规格所限，因此作为饰面材料时，需要考虑最大规格，根据墙面情况及设计原则划分处理。

木饰面可以直接用作天花吊顶或者墙面装饰，代替护墙板，也可以作为墙面装饰的一个部分，与金属材料相互交替使用（图4-62～图4-64）。

图4-62　天然木材作为办公空间的装饰面使用
条板状的天然木材与绿色的地毯搭配使空间呈现自然状态。

图4-63 特殊的木饰面将两处会议室有机相连，并界定出休闲空间
运用丰富的材质构建一系列浑厚的空间体量，行走其间，强烈的材质对
比与墙面装饰带来非凡的空间体验。

4.3.3 玻璃

由于现代科技的发展，玻璃有着许多分类，其能作为自承重材料，也能通过框架的帮助作为隔断使用（图4-65），也可作为饰面材料粘贴在墙上，作为墙面装饰使用。

图4-65 玻璃作为隔断使用，可围合空间

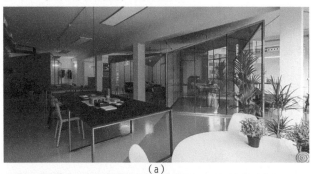

(a)

图4-64 不同材质的木饰面展现的空间风格不同，橡木材质木饰面有种
简约素雅的氛围，小规模深浅不一的木皮拼贴能提供更为活泼的氛围

(b)

(a)

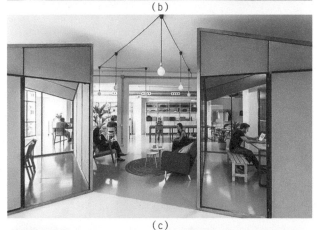

(c)

(b)

(d)

4.3.3.1　性能及分类

玻璃根据制作工艺不同，可分为以下几种类型。

（1）彩釉玻璃。彩釉玻璃有透明和不透明两种。透明的彩色玻璃是在玻璃原料中加入一定量的金属氧化物制成。不透明彩色玻璃是经过退火处理的一种饰面玻璃，可以切割，但经过钢化处理的不能再进行切割加工（图4-66）。

（2）喷砂玻璃。喷砂玻璃是用高科技工艺使平面玻璃表面造成侵蚀，从而形成半透明的雾面效果，具有一种朦胧的美感（图4-67）。

（3）喷雕、彩绘玻璃。喷雕玻璃和彩绘玻璃是融艺术和技术为一体的装饰产品。喷雕玻璃有平面雕刻和立体雕刻，可在玻璃表面上雕刻出有层次的花鸟、山水等各种图案，可以制成亮花毛底和毛花亮底的版面（图4-68）。

（4）镭射玻璃。在玻璃或透明有机涤纶薄膜上涂敷一层感光层，利用激光在上面刻划出任意的几何光栅或全息光栅，镀上铝(或银)再涂上保护漆，就制成了镭射玻璃。镭射玻璃又称激光玻璃，在光线照射下，能形成衍射的彩色光谱，而且随着光线的入射角或人眼观察角的改变而呈现出变幻多端的迷人图案（图4-69）。

图4-66　彩釉玻璃

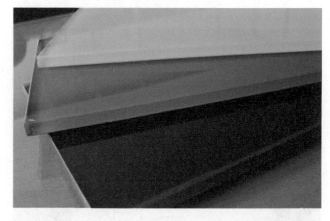

图4-67　喷砂玻璃

图4-68　喷雕玻璃

图4-69　镭射玻璃

（5）压花玻璃。压花玻璃是将熔融的玻璃液在急冷中通过带图案花纹的辊轴滚压而成的制品。可一面压花，也可两面压花。压花玻璃分为普通压花玻璃、真空冷膜压花玻璃和彩色膜压花玻璃三种。压花玻璃具有透光不透视的特点，其表面有各种图案花纹且表面凹凸不平，当光线通过时产生漫反射，因此从玻璃的一面看另一面时，物象模糊不清（图4-70）。

（6）背漆玻璃。背漆玻璃又称烤漆玻璃，分为平面玻璃烤漆和磨砂玻璃烤漆两种。颜色多样可选，也可呈现金属色、透明色（图4-71）。

（7）夹层玻璃。夹层玻璃也称夹层工艺玻璃，是在两片玻璃间夹入彩色膜或者布质材料形成的，设计师也可以将特殊图案提供给厂商进行定制（图4-72、图4-73）。

（8）印花玻璃。印花玻璃是基于印刷技术发展出来的玻璃工艺。过去玻璃打印图案一般采用劳动密集筛网丝印流程，难以将多彩图案印于玻璃上或是制造独立的印花玻璃。随着数码打印技术越来越成熟，已可将多彩的图案精准地印刷于玻璃上。市面上已有先进的数码打印设备和技术，让任何在计算机上设计的作品都能在玻璃上准确展现出来，唯一的限制就是人类的想象力了。印花玻璃已能将一栋普通建筑物变成一件艺术品（图4-74）。

图4-72　金属丝绢夹层玻璃

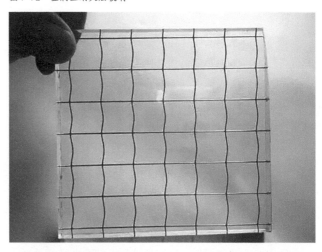

图4-73　夹丝夹绢夹层玻璃

图4-70　压花玻璃

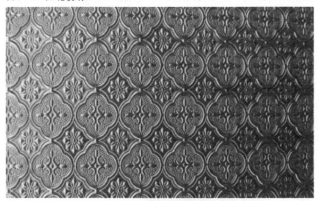

图4-71　背漆玻璃

图4-74　印花玻璃

4.3.3.2　材料应用

　　玻璃可作为隔断用以分割空间，也可作为立面的饰面材料使用（图4-75）。当其作为隔断使用时，玻璃通过顶面吊装、地面入槽达到无框的效果，也可通过合适的铝框作为结构和固定方式；当其作为墙面的装饰材料时，需要用全面积强力胶通过夹板固定在墙面上。

　　玻璃隔断主要应用在公共空间的室内设计中，特别是办公空间，常采用不透明或半透明玻璃墙进行隔断。这种手法既可以划分空间，又可以使玻璃墙两侧的空间具有内在的联系，同时占地面积小，采光性能好，即使被隔出的空间较小，也不会显得局促。玻璃玄关隔断也是公共空间设计中的一种应用方式，通常是利用玻璃良好的透光性和折射度而达到一种隔而不断、通而不透的效果。利用玻璃制品进行隔断也是如此，比如用高大的鱼缸进行软隔断，同时利用了玻璃和水两种通透材料，营造出两个空间有分隔且有联系的效果。玻璃材料应用在室内立面设计中可以有效地使空间达到一种开阔感，虽然大空间被分隔为数个小部分，但仍有较强的整体性。利用玻璃进行分隔的空间具有透光的特点，同时也具有一定的隔声和热工性能，但隐私性低，主要用于公共室内空间或较大的私人空间内部。

　　从装饰方面看，玻璃材料可被应用在各处背景墙上，例如休闲区或办公室及会议室背景墙。对背景墙设计时通常会选用有色玻璃材料，如热熔玻璃、镀膜玻璃和彩色玻璃。这些玻璃材料色彩多样，花式美观，能起到很好的装饰作用。

　　在上述玻璃的种类中，印花玻璃的应用尤为广泛（图4-76～图4-78）。

图4-75　玻璃可作为立面的饰面材料
彩色玻璃在建筑外墙上的应用自古就有，多数通过自然光线的变化来使室内空间的状态发生变化。由于光线的入射角的变化、色温的不同、强弱的对比，室内的光线也会由此不同。

（a）

（b）

（c）

图4-76 印花玻璃可针对不同场合定制不同图案，能展示如油画、布艺、石材等效果

（a）

（b）

（c）

图4-77　印花玻璃虽然是钢化玻璃，但是还是要考虑它的支撑情况，一般以铝框或者钢框进行固定，也可以通过下固定入槽。

（a）

（b）

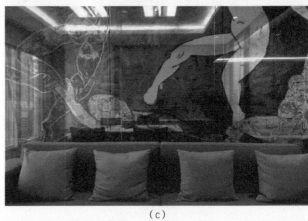

（c）

（d）

图4-78　印花玻璃对建筑立面的影响
市面上已有先进的数码打印设备和技术，让任何能在计算机上设计的作
品都能在玻璃上准确展现出来，唯一的限制就是人类的想象力了，这样
印花玻璃能将一栋普通建筑物变成一件艺术品。

（a）

（b）

玻璃材料在水平面上的应用通常有两个，即地面和顶面。利用玻璃在顶面进行的设计相对较多，常见的是利用玻璃材料铺贴顶面、用玻璃材料装饰对造型吊顶进行装饰和钢架玻璃顶棚。前两者偏重于装饰性，后者则偏重于实用性。采用大面积玻璃材料，尤其是玻璃镜面可以起到扩张空间的作用。同时，玻璃材料优越的反射率可以使室内的光线更为明亮。室内地面设计中利用玻璃材料的案例较少，主要是局部玻璃地砖。设计时要注意放在人流不通过的地方，因为其易碎，且给人一种不安定的感觉。这种不安定感往往是玻璃的折射让人感觉玻璃地面与实际地面的距离不一致造成的。

4.3.3.3　玻璃研究趋势

（1）U型玻璃。U型玻璃是采用压延法生产的一种极为独特的玻璃型材，它的外形与槽钢一样，所以也称槽型玻璃，表面一般做成毛面，透光不透视，有普通和夹丝两种。规格一般是3m长，260mm宽，槽高40mm，厚度6mm。其可独立承重，作为隔墙使用不需要另加结构框架（图4-79）。

（2）智能调光玻璃。从字面上就可以看出，这种玻璃的特性为可以调节透光度。智能玻璃属于建筑装饰特种玻璃，又称为电控变色玻璃光阀，由新型液晶材料附着于玻璃、薄膜等基材基础上，通过电流的大小随光线、温度调节玻璃，使室内光线柔和、舒适怡人，又不失透光的作用。这种玻璃可调节的并不仅仅是亮度，还有透明度、柔和度，从而实现了玻璃的通透性和保护隐私的双重要求。现代化的办公与生活环境越来越需要具有开放和隐私双重功能的空间，而调光玻璃可以使一个开放的空间瞬间隐形，也可以使一个隐蔽的场景瞬间浮现在眼前（图4-80）。

（3）空调玻璃。这是一种用双层玻璃加工制造的新型玻璃，可将暖气送到玻璃夹层中，通过气孔散发到室内，代替暖气片，到了夏天还可改为送冷气。这不仅节约能量，而且方便、隔声和防尘。外冷里热或者外热里冷的情况下，普通玻璃容易爆裂，而空调玻璃冷热交替不容易爆裂。这种新型玻璃在室内环境的应用还不够广泛，但是它符合人类的发展需求，因此有广阔的前景（图4-81）。

图4-79　几种不同的U型玻璃
户外直射光经过U型玻璃就转换为漫射光，透光不投影，有一定私密性。产品品种有全透明的玻璃表面、磨砂的玻璃表面、介于全透明和磨砂之间的表面，还有钢化的U型玻璃，并有多种颜色选择。

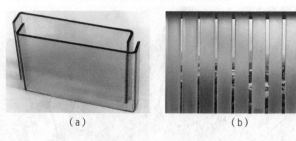

（a）　　　　　　　　　　（b）

图4-80　智能调光玻璃
当电流完全打开时，玻璃变成完全透明的状态。通过调整电流的大小，玻璃可以在透明与不透明之间变换。

（a）

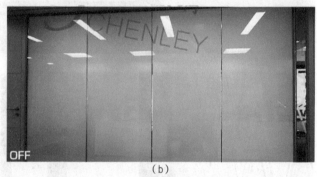

（b）

图4-81　空调玻璃

4.4 其他新型材料

在设计的过程中，设计师会使用到很多的墙面装饰材料，不仅对墙体起到一定的保护作用，也有着良好的装饰效果。随着科技的发展，有更多新型的室内装饰材料涌现到市场上。作为设计师，需要紧跟科技的脚步，掌握材料的特性，研究出更多的应用方式。

4.4.1 硅藻泥

硅藻泥是一种以硅藻土为主要原材料的用于室内装修装饰的环保壁材。优质的硅藻泥不仅本身健康环保，还具有吸附甲醛、净化空气、呼吸调湿、隔热保温、吸声降噪、防火阻燃、墙面自洁等多重环保功能。同时，硅藻泥因具有泥的属性，还具有很好的艺术可塑性，装饰功能也相当不错，因此成为替代壁纸、乳胶漆等传统材料的新一代室内装饰壁材（图4-82、图4-83）。

图4-82 硅藻泥的几种纹理效果
布艺是硅藻泥常用肌理的一种，其表面呈现纤维织物的纹理类似于布纹；淡雅的拟丝衬托着清晰的纹理，彰显后现代主义的艺术气息。横陶纹的肌理感强烈，纹理粗狂又不失规整，凹凸相交的线条相互呼应，立体感强，大面积运用有返璞归真的感觉。弹涂因其外形似滩涂，即沿海大潮高潮位与低潮位之间的潮浸地带，顾取名为弹涂。弹涂肌理颜色搭配多样，可组合为"蓝天白云"等肌理形式，常用于顶面装修，也可以自由分割。弹涂肌理的应用非常广泛，且变化多端。

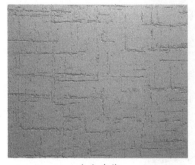
（a）布艺

（b）弹涂

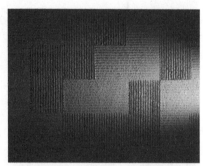
（c）陶艺

（d）土伦

（e）拟丝

（f）水波

（g）细雨

（h）砖艺

（i）艺术

图4-83 硅藻泥的上墙效果

4.4.2 书写墙

书写墙也叫高分子涂鸦膜或白板釉面漆，是一种绿色环保的彩色功能水性漆。将其在各种基材的墙面上现场涂刷，墙的表面形成了一层可以用白板笔书写的膜。白板笔的笔迹可以长时间停留，一擦即净，不留痕迹。记号笔的笔迹，用清洗剂可完全擦干净，且漆膜不损伤。由于其水性漆的特性，书写墙的位置、面积、形状、颜色都可以按照设计想法随意订制，不像金属白板那样受到尺寸、运输条件等的限制。

书写墙的墙面需要满足平整的需求，在做完乳胶漆之后再滚涂液态膜。乳胶漆基底颜色可多样，或者可在原有基底上直接采取贴膜的方式进行施工。也可以通过添加磁性材料，将其变为磁性白板，满足吸附的功能（图4-84）。

(c)

图4-84　书写墙形式多样，最常见的为白板釉面漆书写墙。由于是涂料，因此形状可以按照设计师的意志来施工

(a)

(d)

(b)

(e)

4.4.3 木纹膜

木纹膜是一种自带循环背胶的可现场施工的阻燃性室内装潢材料，具有轻、薄且无接缝的特点，类似于墙纸。许多设计师将其作为一种具有创造性装饰性的室内材料，是可代替防火板、木饰面、金属面、装饰面板等的绿色新材料（图4-85）。其材质为环保PVC树脂+聚亚胺树脂，规格为0.42mm×1.22m×50m。可塑性好，轻薄无接缝，平面曲面均可施工，可弥补防火板不能弯折包裹的弊端（图4-86）；纹理带有凹凸质感，高档逼真，无限接近于真的木材，可代替传统高成本材料和防火板等，降低生产成本。

由于其膜的特性，因此可以制作半透明且带木纹的膜，在无背光的情况下，看起来是木饰面，在有背光的情况下，则可以透射出背面的光线（图4-87）。

图4-85 木纹膜

图4-87 木纹膜可以贴在发光二极管（LED）玻璃上，背面的图案可以根据需要由电脑进行控制调换并进行动作类播放

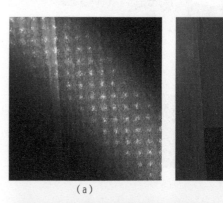

（a） （b）

图4-86 可在曲面上进行粘贴

（c）

4.4.4 生态树脂板

生态树脂板又名透光树脂板，是由一种非晶型共聚酯经过高温层压工艺制成的板材。生态树脂板的原材料是一种PETG材料，这是一种非结晶型共聚酯，具有突出的韧性和高抗冲击强度，其抗冲击强度是改性聚丙烯酸酯类的3～10倍，并具有很宽的加工范围、高的机械强度和优异的柔性，比PVC透明度高，光泽好，容易印刷并具有环保优势。

生态树脂板有以下几种分类。

（1）工业系列。这一系列展示了城市的几何结构，充满了活力，多姿多彩。它收集了手工制作的金属质感的金箔、银箔、铝片、铝箔、铝板，各种形状的金线、银线、铜线；敲碎彩色玻璃珠；各种贝壳、贝壳碎；各种编织方式的金网、银网、铜网等编织网（图4-88）。

图4-88 工业系列
将金属碎片材料复合压制进树脂材料内，为特定的室内设计风格提供支持。

图4-89 浮雕纹理系列
该系列允许设计师定制材料的颜色、式样、纹理、夹层和表面处理。

（2）浮雕纹理系列。用不同进口的模具，压制出不同的肌理。不同的凹凸质感的纹理，表面光滑，柔和；各种水纹、马赛克纹、圆形、方形、三角形、线条、菱形纹理都可以通过模具压制（图4-89）。

（3）蜂窝系列。将树脂板面与蜂窝空间结构完全结合的创新型结构材料。其创新核心"蜂窝"是独一无二的，配合内部中空的设计风格，各种材质：聚碳酸酯（PC）、聚丙烯（PP）、铝孔，各种大小，各种不同的孔造型，各种不同的厚度。将生态树脂热熔后层压在蜂窝芯上，内部压成了球面，产生了独特的水滴效果（图4-90）。

（4）天然系列。这一系列是将大自然的有机联系带入到一个美学的如真如幻的空间，让你体验自然时尚之美。植物的根、茎、叶子、叶脉、花朵、花瓣、树枝，竹枝，竹圈，迷你竹，桦树枝，茅草，树皮，柳枝等来自大自然的元素，排列成各种设计造型，任意方式的组合排列，一层至多层的排列（图4-91）。

图4-90 蜂窝系列
透过光线，看见或者闪烁晶莹剔透，或者朦胧的颜色配合磨砂效果。在灯光的折射下，产生了影子舞动的效果，像是芭蕾舞者，灵动而炫目。

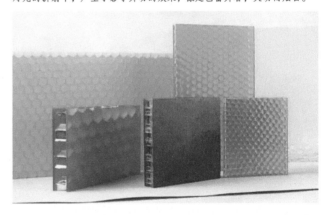

图4-91 木皮系列
自然的材料经过防腐处理后被复合包裹进树脂里，给空间带来一丝野趣。

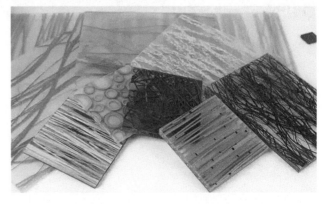

4.4.5 环氧干磨石

现在地面装饰装修多采用水磨石、人造大理石、天然石材、瓷砖等进行拼接。这些地坪材料存在缝隙，容易存积污垢，进行图案设计的难度大。因此开发出一种无毒环保环氧磨石地坪材料，其具有不起灰，整体无缝，不渗漏，容易清洗，不会存积尘埃和细菌；机械强度高，耐磨损，耐冲击；耐酸、碱、盐、汽油、机油、柴油等化学品的特性。

它可以根据设计师对不同骨料、颜色、花纹、厚度等要素的搭配和设计，从而在整个建材行业率先实现定制化石材的工艺生产技术，完美地满足设计师无限的创意艺术需求（图4-92）。

图4-92 自由艺术形态的曲线
该项目环氧磨石地坪中的图案设计使得整体无缝地坪的实用性和艺术观赏性得到了完美结合。设计图案采用镶嵌式工艺，图案层镶嵌在整个环氧磨石层中，使得图案不易磨损，耐久性好。

思考与延伸

1. 除了书中列出的地面材料外，试举例列出几种不同的地面材料。

2. 除了书中列出的顶面材料外，试举例列出几种不同的顶面材料。

3. 除了书中列出的墙面材料外，试举例列出几种不同的墙面材料。

4. 除了书中列出的新型材料外，试举例列出几种不同的新型材料。

第 5 章　办公空间照明与光环境营造

办公空间照明的首要目标是满足相关视觉作业要求，满足员工办公沟通、思考、会议等工作上的需求，有利于提高员工的工作效率；同时，还要有益于人的视觉生理与心理健康，要保持区域之间的统一性与舒适性，并尽可能实现照明的经济性与节能性。

就我国办公空间的室内照明现状而言，过于注重照明的视觉效果是一个比较突出的问题。当然，之所以出现这个问题，既有设计师的原因也有使用者的原因。办公空间的照明与其他诸如商业、餐饮、酒店室内设计中大量使用卤素光源或间接照明不一样，结合我国建筑照明标准规定的照明功率密度LPD值和照度值，不能为了单一的照明效果而忽略了照明节能与照度。好的照明设计应该是适宜性的照明，是节能、环保、舒适、健康的照明，而非单纯炫耀、艺术化的照明。

5.1　办公空间的光环境要求

当前涉及办公建筑采光的标准、规范主要有三个，分别是《办公建筑设计规范》（JGJ 67—2006）《建筑采光设计标准》（GB 50033—2013），《建筑照明设计标准》（GB 50034—2013）。

《办公建筑设计规范》在第6章室内光环境中对窗地比及相应的房间最低照度值有所规定，见表5-1、表5-2。

《建筑采光设计标准》中对各项照明概念有了详细的说明，并对各类型的建筑采光标准值进行了详细的规定，其中对办公建筑的规定见表5-3。

与《建筑采光设计标准》不同，《建筑照明设计标准》包括人工照明的设计标准，其中对办公建筑照明标准值进行了规定，见表5-4。

表5-1　办公建筑的采光系数最低值

采光等级	房间类别	侧面采光	
		采光数最低值 C_{min}/%	室内天然光临界照度/lx
Ⅱ	设计室、绘图室	3	150
Ⅲ	办公室、视频工作室、会议室	2	100
Ⅳ	复印室、档案室	1	50
Ⅴ	走道、楼梯间、卫生间	0.5	25

表5-2　窗地面积比

采光等级	房间类型	侧面采光
Ⅱ	设计室、绘图室	1/3.6
Ⅲ	办公室、视屏工作室、会议室	1/5
Ⅳ	复印室、档案室	1/7
Ⅴ	走道、楼梯间、卫生间	1/12

表5-3　办公建筑的采光标准值

采光等级	场所名称	侧面采光	
		采光系数标准值 /%	室内天然光照度标准值 /lx
Ⅱ	设计室、绘图室	4.0	600
Ⅲ	办公室、会议室	3.0	450
Ⅳ	复印室、档案室	2.0	300
Ⅴ	走道、楼梯间、卫生间	1.0	150

表5-4　办公建筑的照明标准值（0.75m水平面）

房间或场所	照度标准值 /lx	照明功率密度限值 / (W/m²)	
		现行值	目标值
普通办公室	300	≤9.0	≤8.0
高档办公室、设计室	500	≤15.0	≤13.5
会议室	300	≤9.0	≤8.0
服务大厅	300	≤11.0	≤10.0

5.2　人工照明设计的要素

5.2.1　照明的术语

（1）照度。光照强度是一种物理术语，指单位面积上所接受可见光的光通量，简称照度，单位勒克斯（lux或lx）。它是用于指示光照的强弱和物体表面积被照明程度的量。

对于阅读和书写工作，在一定的照度范围内，照度越高越容易看清视觉作业，照度水平是决定照明质量的最主要因素之一。换言之，通过增加环境的照度水平，视觉功效会随之提高，但不意味着可以无限制提高，因为过高的亮度对提高视觉能效的效果并不明显。另外，如果环境亮度过高，超过了人眼的适应范围时，眼睛的视觉灵敏度也会下降，还会造成视疲劳。因此，照度的适宜性非常重要。事实上，确定适宜的照度水平非常困难，因为视觉能力、视觉作业的精确度要求、视觉作业与背景的对比度等因素都会对照度的确定产生影响，同时，还要考虑照明的经济性要素。《建筑照明设计标准》规定，高档办公室的工作面照度标准值是500lx；设计室的实际工作面照度标准值是500lx；普通办公室、会议室、接待室、文印室的工作面照度标准值是300lx；资料室、档案室的工作面照度标准值是200lx。同时规定，作业面照度500lx时，作业面临近周围照度不宜低于300lx；作业面照度300lx时，作业面临近周围照度不宜低于200lx；作业面照度低于200lx时，作业面临近周围照度与作业面照度相同。

（2）照度均匀度。照度均匀度是指规定表面上的最小照度与平均照度之比。办公空间的工作面照度不均匀时，容易导致工作人员的视觉疲劳，降低工作效率，长期影响则会引起视力下降。因此，对于使用时间较长的工作面，其照度均匀度越高越好，而良好的照度均匀度需要通过选择合适的照明灯具，并通过设计合理的灯具间距来实现。《建筑照明设计标准》规定，办公空间工作面照度的均匀度不应低于0.7，作业面临近周围的照度均匀度不应低于0.5。另外，房间内非工作区的照度值不宜低于工作区照度值的1/3。

（3）眩光。眩光是指视野中由于不适宜的亮度分布，或在空间或时间上存在极端的亮度对比，以致引起视觉不舒适和降低物体可见度的视觉条件。视野内产生人眼无法适应的光亮感觉，可能引起厌恶、不舒服甚至丧失明视度。眩光是引起视觉疲劳的重要原因之一。

在办公空间中，容易引起眩光的原因是人眼直接能看到光源本身，或是阳光或光线照在电脑屏幕、玻璃上人眼看到后产生的视觉疲劳，因此需要在办公照明设计中予以避免（图5-1）。

（4）色温。色温是照明光学中用于定义光源颜色的一个物理量。即把某个黑体加热到一个温度，其发射的光的颜色与某个光源所发射的光的颜色相同时，这个黑体加热的温度称为该光源的颜色温度，简称色温，其单位用K(开尔文，温度单位)表示。低色温光源的特征是能量分布中，红辐射相对来说要多些，通常称为暖光；色温提高后，能量分布中，蓝辐射的比例增加，通常称为冷光。一些常用光源的色温为：标准烛光为1930K；钨丝灯为2760～2900K；荧光灯为6400K；闪光灯为3800K；中午阳光为5000K；电子闪光灯为6000K；蓝天为10000K。

色温越低，光线越暖；色温越高，光线越冷。办公空间是较为严肃的场所，因此办公空间多选择5000～6000K的光源。

5.2.2 照明光源的选择

传统的照明光源中：卤素灯光效较低，寿命短，但光色品质好，可选择性地用于接待室、领导办公室等空间的重点照明；陶瓷金卤灯启动较慢，但投光距离远，可用于不频繁开关且空间较高的房间；荧光灯光源中，直管荧光灯无论光效还是寿命，都要好于紧凑型荧光灯，直管荧光灯中，T5荧光灯和高效荧光灯节能效果要好于T8、T12，同时，应尽量使用三基色荧光灯（图5-2）。常用的办公区的灯具为格栅灯盘或是工作面上方直接吊挂直管工作灯，格栅灯盘的规格有600mm×600mm，也有300mm×1200mm。如果按照光通量选择，最好选择光通量在2800～66001m之间的灯具。

随着LED灯的兴起，传统的照明光源逐渐被取代，LED有如下优点（图5-3）。

图5-2 传统光源

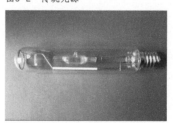 

（a）金卤灯　　　　　（b）卤素灯

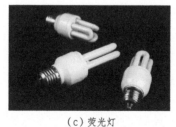

（c）荧光灯

图5-1 眩光

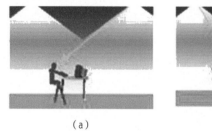 

（a）　　　　　　　　（b）

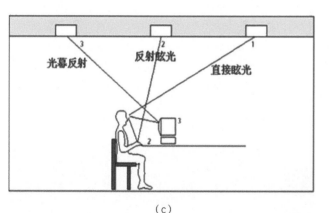

（c）

图5-3 LED光源

（1）节能。同等光效的 LED 灯比白炽灯节能 80% 以上，比节能灯节能 50%。

（2）电压。LED 灯使用低压电源，单颗电压在 1.9 ~ 4V 之间，比使用高压电源更安全。

（3）效能。光效高，目前实验室最高光效已达到 161 lm/W（CREE），是目前光效最高的照明产品。

（4）抗震性高。LED 是固态光源，在地震时，不会出现因为电压不稳定而产生的频闪现象，具有其他光源产品不能比拟的抗震性。

（5）稳定性强。使用 10 万小时，光衰为初始的 70%。

（6）响应时间快。LED 灯的响应时间为纳秒级，是目前所有光源中响应时间最快的产品。

（7）环保。无金属汞等对身体有害物质。

（8）颜色纯。LED 灯的带宽相当窄，所发光颜色纯，无杂色光，覆盖整个可见光的全部波段，且可由 RGB 组合成任何想要的可见光。

但 LED 灯也有些缺点现在还未解决。

（1）LED 灯都需要驱动电源。大多 LED 灯使用专用的驱动集成电路（内部有电子变压器），设计师在设计时需要特别考虑变压器的放置位置。

（2）散热问题。LED 虽然节能，但与一般白炽灯具一样，一部分能量转化为光的过程中另外一部分能量转化成热量，尤其是 LED 灯为点状发光光源，其所产生的热量也集中在极小的区域，若产生的热量无法及时散发出去，对外表面损坏较大。

（3）频闪问题。频闪是指电光源光通量波动的深度。光通量波动深度越大，频闪越严重。电光源光通量波动深度大小与电光源的技术品质有直接关系。因此，是否频闪可以作为检测 LED 光源质量的一个标准。

（4）光衰问题。LED 灯经过一段时间的点亮后，其光强会比原来的光强要低，而低了的部分就是 LED 灯的光衰。

（5）光色问题。LED 灯发出的光与自然光相比仍有一定的差距。自然光具有非常强的黄色光谱成分，给人一种暖暖的感觉。而 LED 灯发出的白光带有较多的蓝光成分，在这种光的照明下人们的视觉感受不是很自然。

5.3 主要办公空间照明设计

5.3.1 前厅

前厅作为企业的窗口，不仅展示着企业的实力，更凸显企业本身的文化内涵，需要结合公司整体定位与装饰特点来确定相应的照明方式。前厅空间照明的整体亮度要求很高，可采用金卤筒灯作为基础照明，同时以翻转式射灯或导轨射灯对背景形象墙进行重点照明，达到突出企业形象、展示企业实力的效果。

前厅空间主要由三部分照明区域组成，它们分别是进门和前厅区域的照明、服务前台的照明以及前台旁接待区的照明。

从照明方式的角度分析，前厅作为空间连续的整体，进门和前厅区域应该是一般照明或全局照明方式（图5-4）。前台及接待区是局部照明（图5-5），这些照明应该保持色温的一致性。三个区域的照明通过亮度的对比，形成富有情感的连续的且有起伏的明暗过渡的气氛（图5-6）。前台作为前厅区域中最具功能性作用的部分，其照度要求为750 ~ 1000lx，较高的亮度凸显服务台的重要性，将访客的视线尽快引向此处，也便于前台人员的登记、接待等工作的快速处理，色温一般在3000K左右，与前厅保持一致，显色性Ra＞85，完整还原企业标志的颜色（图5-7）。

图5-4 前厅的普通照明
这里通过嵌入式筒灯及顶面高差处理的暗藏灯带带来全局的照明。

图5-5　对前台区域进行局部照明
吊顶与前台形态一致，并通过灯带进行勾勒。

图5-6　有明暗对比的前厅空间
该公司的前厅区域用明装筒灯进行普遍照明以达到基本照度，公司的标识、墙面的装饰、陈列等用导轨射灯对重点表现区域进行照明，形成了空间照明的起伏关系。

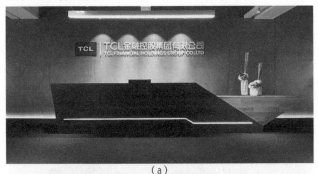

（a）

（b）

图5-7　前台区域的照明
该公司的前台自身通过线条的勾勒来强调服务位置，前台上方的水晶吊灯保证了前台桌面的照度。

5.3.2　办公区

根据《建筑照明设计标准》，0.75m工作面办公区的照度值要求在300～500lx，且对照明功率密度也有限制，因此可以得出光源在工作面的正上方，照明效率最高（图5-8、图5-9）。

5.3.2.1　开放办公区

开放办公室作为目前办公场所中占比重最大的区域，涵盖着公司的各个职能部门，包含了电脑操作、书写、电话沟通、思考、工作交流、会议等办公行为。在照明设计上应结合以上办公行为，以均匀性、舒适性为设计原则，通常采用统一间距的布灯方法，并结合地面功能区域采用相应的灯具照明。工作台区域采用格栅灯盘或支架灯管，使工作空间光线均匀，并减少眩光（图5-10）。

公共通道作为衔接各个部门的公共区域，其本身的照明要求不高，满足功能照明就可以了。一般根据通道天花的结构和高度，采用隐藏式灯具照明或节能筒灯照明。

图5-8　长形的灯带随着办公桌的形式延伸，使灯光均匀分布

图5-9　吊线灯管增加了桌面照度

5.3.2.2 小型办公室

单间办公室一般是部门经理使用，用途包括常规的工作与会客，也有小型的培训及会议。照明应以功能性为主，并结合空间装饰增加氛围营造。通常工作台区域可采用漫射格栅灯盘或防眩系列筒灯，同时可采用防眩天花射灯加强墙的立面照明，提高舒适度，营造优良的办公环境（图5-11）。

公司性质不同，灯具的选择也可以相应地有所体现。如果是动漫、互联网类设计公司，可以通过灯具的活泼性调整公司的办公氛围（图5-12～图5-14）。

图5-10　开放办公区均匀布置条形格栅灯
办公区明亮的灯光布置使开放的空间格局灵动而多元，为员工创建了丰富的路径和动线，促进了不同部门间的协作与交流。

图5-11　小空间内采用灯带照明，与白色墙面、家具相统一，使空间简洁通透

图5-12　隔间式办公通过顶面灯带灵活布置增强空间效果

图5-13　装饰性吊灯结合办公桌设置，调动工作氛围

图5-14　吊线灯管正对着桌面上方

5.3.3 接待室和会议室

接待室作为接见合作伙伴和客户的场地，需要舒适、放松、惬意、友好的氛围。接待室的照明要突出洽谈者友好的表情，可以采用显色性较好的筒灯，以柔和的亮度为宜。同时为了注重立面企业文化或海报的表现，可采用可调角度射灯来提高墙立面的亮度（图5-15）。

会议室是公司举行重大决策议会的场所，具有会议、培训、谈判、视频观摩、会客等功能，其照明应配合不同的用途，结合智能控制进行简单的切换或者模式选择，实现不同的功能有不同的场景照明。无论会议时间长短、参加人员多少，不论是大会议厅中单向的报告性会议还是中小会议室中圆桌沟通会议形式，会议室照明的目的就是激发参会者的想象力，鼓励他们相互交流（图5-16）。同时，与会者面部表情的传达也是会议室照明中最主要的任务，照明应该避免不合适的阴影和明暗对比。设计师可以采用射灯对墙立面进行洗墙照明，为单调的长时间会议环境提供富于趣味的环境光（图5-17）。结合天花装饰结构，可采用悬吊式灯具或暗藏灯带（图5-18）。小会议室要加强光影效果，避免小空间带来的压抑感，可以采用上下都可出光的间接照明灯具，均匀照亮天花和墙壁。

图5-17 独立小空间
墙面经过色彩处理的小空间通过射灯的照射加强了色彩明度的变化。

图5-15 接待墙面陈设为企业的宣传画

图5-16 接待室的吊灯一般更富有艺术性

图5-18 局部吊顶的接待区
为了强调开放区域开阔的空间感，在裸露的顶面结构之下做局部吊顶，以此产生戏剧性的对比效果。具备间接和直接双重照明方式的线形吊灯，既丰富了顶面光影也照亮了工作区。

5.4 照明设计软件

　　《建筑照明设计标准》中对会议室及办公区的工作面照度有明确的要求。在没有设计经验的前提下如何对空间中的照度进行预估，这样就需要通过光源的信息（光通量、照射角度、利用系数等）进行照度计算，如计算出来不符合规范要求，则需要重新布置光源，并再次进行计算。这无疑为设计人员增加了许多工作量。而在3dMax等三维软件中进行的灯光模拟仅仅是模拟而已，并不能对实际的照度数值及施工后期选取光源有指导意义，因此就需要借助照明设计软件进行辅助设计。DIALUX是近年来较为流行的照明设计软件，其特点在于便于学习及操作，且国内外的40多家光源公司都对其软件插件进行数据支持。

　　下面以三雄极光公司的灯具为例，对办公区及会议室进行模拟，分析顶面图中灯具的排布不同对工作面照度的影响。

图5-19 办公区灯具资料表

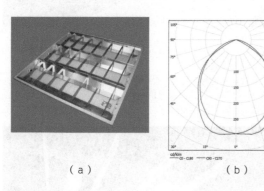

（a）　　　　（b）

图5-20 灯具计算（一）

5.4.1 办公区

　　以常规的高层柱跨8.4m，横向2跨，纵向4跨为基础，作为开放办公区照明模拟的场景，选取三雄极光产品中的格栅灯盘（14W，T5灯管），在空间中均布进行计算，不同的灯具密度得出以下三种不同的计算数值（图5-19～图5-21）。

　　（1）格栅灯盘间距2m，从工作面（工作面高度均为0.85m）等照度图中可以看出，该空间最大照度为506lx，最小照度为184lx，平均照度为432lx（图5-22～图5-24）。

　　（2）格栅灯盘间距2.8m，从工作面（工作面高度均为0.85m）等照度图中可以看出，该空间最大照度为289lx，最小照度为104lx，平均照度为244lx（图5-25～图5-27）。

　　（3）格栅灯盘间距为横向1.5m，纵向2m，从工作面（工作面高度均为0.85m）等照度图中可以看出，该空间最大照度为757lx，最小照度为278lx，平均照度为647lx（图5-28～图5-30）。

　　由此可得出结论，开放办公区格栅灯盘的间距以1.5～2m为宜，达到《建筑照明设计标准》中对办公区工作面照度500lx的要求。

图5-21 灯具计算（二）

PAK160921 PAK-B05-314-MI

灯体采用优质冷轧钢板，
底盘高度仅为55mm，对天花的适用性更强，
反光罩采用0.4mm的德国磨砂铝，反光效果好，
配合T5直管荧光灯使用，更节能、显色性更好，
适用于商场、办公室、会议室、营业厅等需要大面积照明的室内场所使用。

图 5-22　办公区内格栅灯间距 2m 灯具位置图

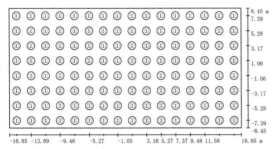

比例 1:241

灯具表

编号	数量	名称
1	128	PAK PAK160921 PAK-B05-314-MI

图 5-25　办公区内格栅灯间距 2.8m 灯具位置图

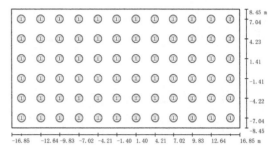

比例 1:241

灯具表

编号	数量	名称
1	72	PAK PAK160921 PAK-B05-314-MI

图 5-23　办公区内格栅灯间距 2m 等照度图

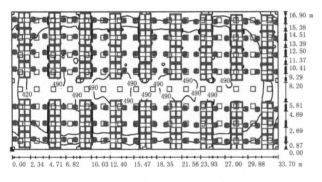

平均照度 (lx)	最小照度 (lx)	最大照度 (lx)	最小照度/最大照度
432	184	506	0.364

图 5-26　办公区内格栅灯间距 2.8m 等照度图

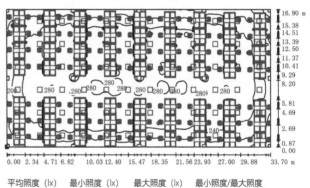

平均照度 (lx)	最小照度 (lx)	最大照度 (lx)	最小照度/最大照度
244	104	289	0.359

图 5-24　办公区内格栅灯间距 2m 效果图

图 5-27　办公区内格栅灯间距 2.8m 效果图

图 5-28 办公区内格栅灯间距 1.5m 工作面等照度图

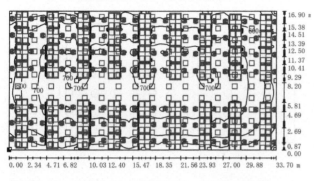

平均照度 (lx)	最小照度 (lx)	最大照度 (lx)	最小照度/最大照度
647	278	757	0.367

图 5-29 办公区内格栅灯间距 1.5m 灯具位置图

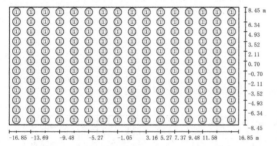

比例 1 : 241

灯具表

编号	数量	名称
1	192	PAK PAK160921 PAK-B05-314-MI

图 5-30 办公区内格栅灯间距 1.5m 效果图

图 5-31 办公照明中选择较常用的 T5 吊线支架

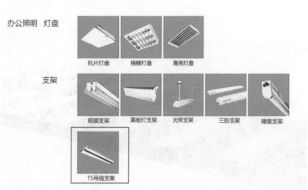

5.4.2 会议室

同样以常规的高层柱跨为基础，设计8.4m×16.8m的30人会议室，作为会议室照明模拟的场景。选取三雄极光公司产品中的T5吊灯支架（该吊灯支架适配T5荧光灯管，在办公区也较为常用），在空间中均布进行计算，不同的灯具密度得出以下三种不同的计算数值（图5-31~图5-33）。

图 5-32 选择光通量为 5200 lm 的光源

T5吊线支架

	型号	功率	光通量
	PAK310430 PAK-A08-128C-A01 适配光源 荧光灯管T5	功率: 28 W	光通量: 2600 lm
	PAK310430 PAK-A08-128C-A41 适配光源 荧光灯管T5	功率: 28 W	光通量: 2600 lm
	PAK311332 PAK-A08-228C-A40 适配光源 荧光灯管T5	功率: 56 W	光通量: 5200 lm
	PAK311335 PAK-A08-128C-A08 适配光源 荧光灯管T5	功率: 56 W	光通量: 5200 lm
	PAK312234 PAK-A08-128C-A07 适配光源 荧光灯管T5	功率: 84 W	光通量: 7800 lm

图 5-33 会议室支架灯灯具资料表

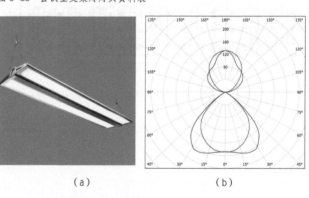

（a） （b）

参照UGR的照射评估											
ρ 天花板		70	70	50	50	30	70	70	50	50	30
ρ 墙壁		50	50	50	30	30	50	50	50	30	30
ρ 地板		20	20	20	20	20	20	20	20	20	20
空间尺寸 X Y		纬向观察方向 向灯轴					平行观察方向 向灯轴				
2H	2H	9.1	9.9	9.9	10.7	11.6	10.0	10.7	10.8	11.5	12.5
	3H	8.9	9.5	9.7	10.3	11.4	9.7	10.4	10.6	11.2	12.2
	4H	8.7	9.3	9.6	10.2	11.2	9.6	10.2	10.4	11.0	12.1
	6H	8.6	9.1	9.5	10.0	11.1	9.4	10.0	10.3	10.8	11.9
	8H	8.5	9.0	9.4	9.9	11.0	9.4	9.9	10.3	10.8	11.8
	12H	8.5	8.9	9.4	9.8	10.9	9.3	9.8	10.2	10.7	11.8
4H	2H	8.9	9.5	9.6	10.4	11.2	9.7	10.3	10.6	11.2	12.2
	3H	8.7	9.2	9.6	10.1	11.1	9.5	9.9	10.4	10.8	11.9
	4H	8.5	9.0	9.4	9.9	11.0	9.3	9.7	10.2	10.6	11.8
	6H	8.4	8.7	9.3	9.7	10.8	9.2	9.5	10.1	10.5	11.6
	8H	8.3	8.6	9.2	9.6	10.8	9.1	9.4	10.0	10.4	11.5
	12H	8.2	8.5	9.2	9.5	10.7	9.0	9.3	10.0	10.3	11.5
8H	4H	8.3	8.6	9.3	9.6	10.8	9.1	9.4	10.0	10.4	11.5
	6H	8.2	8.4	9.1	9.4	10.6	8.9	9.2	9.9	10.2	11.4
	8H	8.1	8.3	9.1	9.3	10.5	8.9	9.1	9.8	10.1	11.3
	12H	8.0	8.2	9.0	9.2	10.4	8.8	9.0	9.8	10.0	11.2
12H	4H	8.2	8.5	9.2	9.5	10.7	9.0	9.3	10.0	10.3	11.5
	6H	8.1	8.3	9.1	9.3	10.5	8.9	9.1	9.8	10.1	11.3
	8H	8.0	8.2	9.1	9.2	10.4	8.8	9.0	9.7	10.0	11.2
对应照射距离, 改变观察者位置 S											
S = 1.0H		+1.6 / -3.3					+1.5 / -3.4				
S = 1.5H		+2.8 / -12.6					+3.0 / -11.6				
S = 2.0H		+4.4 / -17.5					+4.9 / -18.5				
标准表格		BK00					BK00				
更正加数		-9.6					-8.7				
更正的闪光指数, 参照 5200lm 总光通量											

（c）

（1）支架灯纵向密拼，横向间距2.7m，从工作面（工作面高度均为0.85m）等照度图中可以看出，该空间最大照度为939lx，最小照度为539lx，平均照度为791lx（图5-34~图5-36）。

（2）支架灯纵向间距1.4m，横向间距3.4m，从工作面（工作面高度均为0.85m）等照度图中可以看出，该空间最大照度为604lx，最小照度为363lx，平均照度为516lx（图5-37~图5-39）。

（3）支架灯纵向间距1.8m，横向间距4.5m，从工作面（工作面高度均为0.85m）等照度图中可以看出，该空间最大照度为371lx，最小照度为233lx，平均照度为328lx（图5-40~图5-42）。

由此可得出结论，吊线支架灯的间距以1.8~3m为宜，达到《建筑照明设计标准》中对会议室工作面照度500lx的要求。

图5-36 会议室支架灯纵向密拼，横向间距 2.7m 工作面等照度图

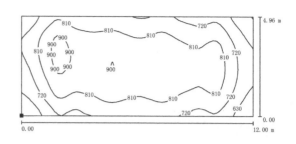

平均照度（lx）	最小照度（lx）	最大照度（lx）	最小照度/最大照度
791	539	939	0.574

图5-37 会议室支架灯纵向间距1.4m，横向间距 3.4m 效果图

图5-34 会议室支架灯纵向密拼，横向间距 2.7m 效果图

图5-35 会议室支架灯纵向密拼，横向间距 2.7m 灯具位置图

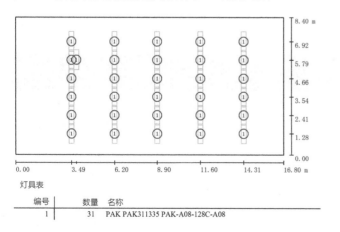

灯具表

编号	数量	名称
1	31	PAK PAK311335 PAK-A08-128C-A08

图5-38 会议室支架灯纵向间距1.4m，横向间距 3.4m 灯具位置图

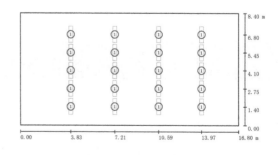

灯具表

编号	数量	名称
1	20	PAK PAK311335 PAK-A08-128C-A08

图 5-39 会议室支架灯纵向间距 1.4m，横向间距 3.4m 工作面等照度图

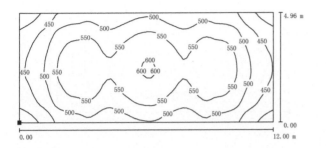

平均照度 (lx)	最小照度 (lx)	最大照度 (lx)	最小照度/最大照度
516	363	604	0.601

图 5-40 会议室支架灯纵向间距 1.8m，横向间距 4.5m 灯具位置图

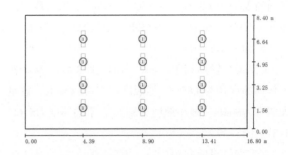

灯具表

编号	数量	名称
1	12	PAK PAK311335 PAK-A08-128C-A08

图 5-41 会议室支架灯纵向间距 1.8m，横向间距 4.5m 工作面等照明度图

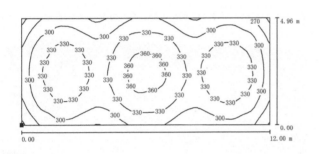

平均照度 (lx)	最小照度 (lx)	最大照度 (lx)	最小照度/最大照度
318	233	371	0.628

5-42 会议室支架灯纵向间距 1.8m，横向间距 4.5m 效果图

思考与延伸

1.阅读三个主要规范，查找本章末提到的办公功能区域的照度需求。

2.熟悉照明软件，尝试用照明软件进行其他办公灯具合适间距的探讨。

第 6 章 办公家具与陈设

办公家具是日常生活、工作和社会活动中为办公工作方便而配备的家具。随着社会经济的发展，办公家具已经成为家具行业中的一个分类，由专业的办公家具厂生产。办公家具厂的生产范围也从普通的办公桌扩大到了办公隔断和办公休闲家具等。本章从各功能区的角度介绍几类办公家具。

图 6-1　大班台的尺寸

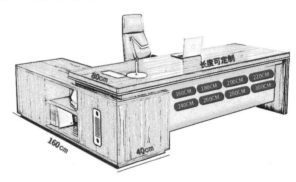

6.1　办公区家具的选择

6.1.1　单人办公室

高级行政人员的办公桌在办公家具业被称为大班台。大班台一般由实木制造，比较厚重、大气，可以体现使用者的身份，由主桌、侧柜、活动柜构成。一般规格尺寸都比较大，常用规格尺寸为2000mm×1000mm、2100mm×1050mm、2200mm×1100mm、2400mm×1200mm、2800mm×1200mm、3200mm×1200mm等（图6-1）。活动柜是对桌架功能的补充。桌面造型有直线形、L形，用柜支撑或者直接用支柱支撑。

侧柜是班台的重要组成部分，实现着文件存储、物品收纳的重要作用。一般的侧柜中需要实现电源供应的功能，且通过保险箱和智能锁的设置来保障文件资料收纳安全（图6-2）。

图 6-2　侧柜的电源供应

随着科技的发展，数字化办公已经是标配，越来越多的数字化办公设备，最大干扰是电源线、网络线、通信线的混乱问题，因此电力布线系统成为其中重要的环节。大班台通过内部隐藏的走线方式，表面看不到一根外露的设备线，保证了办公空间的美观。一般在侧柜上安装翻转线盒，台面上翻转之后，就能使用，极大提高了办公效率（图6-3、图6-4）。

单人办公室内除了办公桌外一般还有书柜。书柜作为背景墙需要现场定制，或是与办公桌一样采购成品，这样能保证单人办公室内的家具、材料、颜色与款式、风格的统一（图6-5）。

单人办公室内的大班椅，如为高级配置，则一般使用皮质，如真皮、仿皮等，也有符合人体工程学设计的工作椅。而办公桌对面的接待椅，功能上是作为主人会客使用，因此接待椅采用弓形腿，材质可以与大班椅一样，也可以根据整体的风格有跳跃性的变化（图6-6）。

单人办公室内除了办公的家具外还有以沙发组合为主的接待区，而沙发样式的选择也需要配合办公室内整体的风格（图6-7）。

图6-3 桌底走线示意

（a）桌面上线的位置

（b）从地面通过蛇形管走线至桌面

图6-4 桌底上线位置示意

（a）桌面上线的位置

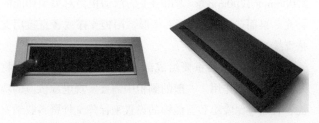

（b）金属走线盒　　　　（c）木制走线盒

图6-5 与大班台成套的书柜

图6-6 现代办公椅的人体工程学性能体现在各部位的可调性

图6-7 单人办公室内的接待桌椅

（a）

（b）

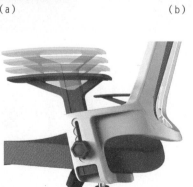

（c）

6.1.2 办公区

根据公司性质的不同，对办公区办公桌的选择也有所不同。一般办公桌有三种形态，即一字形、L形、Y形。不同的办公桌形态各有几种排列组合的方式可选择（图6-8）。

一字形办公桌的常规员工位尺寸有1200mm×600mm、1400mm×700mm、1600mm×800mm。节约空间是一字形的优势，缺点是组合方式较少，工作人员利用存储的空间较小(图6-9、图6-10)。

L形是最为常用的办公形态，且排列组合方式较多，围板也同样分为低围板、中围板、高围板（图6-11、图6-12）。

Y形适用于空间较大，可灵活布置的办公区，从平面上看，较为灵动活泼（图6-13）。

除了常规的形态外，设计师也可以根据办公空间的特色对桌面形态进行重新设计（图6-14）。

桌上屏有三种形态，即全桌面、半桌上屏、带三面围板。全桌面较适用于设计类等需要大桌面的公司，便于员工绘图及讨论；半桌上屏一般采用硬包或是磁性白板，可钉便签或记事，为文书工作提供便利性，硬包或白板的式样需要结合空间颜色进行整体考虑（图6-15、图6-16）；三面围板则是提供了更大的私密性。

办公桌除了桌面的颜色和材质可以通过色卡进行选择外，桌角的颜色和式样也有了新的变化（图6-17）。

单元组合型办公桌多用于开放办公室。它采用模块化设计，因此不进组合形式多样，而且可以节省空间，在局限中产生无限的可能。尤其是一字形的办公桌，由于其样式简单，灵活多变，可以结合桌上柜及休闲位进行灵活组织。

办公桌的抽屉也有多种选择，比如盒状抽屉、档案抽屉。此外还有门扇式的，方便储放比较高或笨重的物品。有的中间有横杠的装置，还有的装有滑板，可以将机箱类的机器放在桌面下。

文件柜的高度一般与办公桌相同，它不仅能够存放许多文件资料，而且还时常被作为辅助工作面。文件柜与办公桌之间的距离应以不影响椅子的移动和旋转为准。

现在员工椅一般都采用五星脚带滚轮或者重力轮（即坐下就靠重力不能再移动的轮子），扶手可调、头枕可调等。

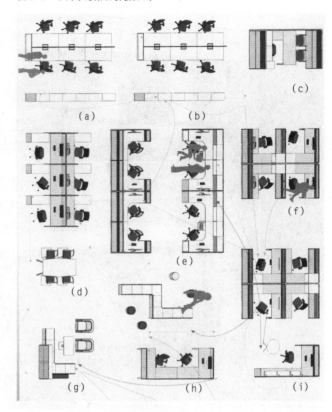

图6-8 不同形态桌面拼接方式

（a）　（b）　（c）　（d）　（e）　（f）　（g）　（h）　（i）

图6-9 一字形员工桌朝一个方向排列

图6-10 一字形员工位对面齐坐

图 6-11　员工桌的几种组合方式
不同的屏风是否结合桌上柜和讨论位，都可以根据空间的可能进行选配。

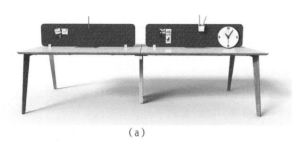

（a）

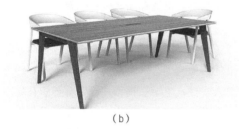

（b）

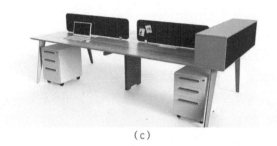

（c）

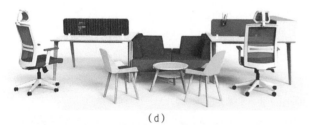

（d）

（e）

图 6-12　L 形办公桌员工位水平排列

图 6-13　Y 形办公桌一般比一字形需要更大的空间

图 6-14　办公桌的形态可以根据设计随意定制

图 6-15 办公桌颜色与地毯颜色相协调

图 6-16 桌上屏风选木色,与员工柜相协调

图 6-17 桌角颜色式样可选

6.1.3 会议室及培训区

办公家具在一定程度上反映了公司企业的特征,比如一般传统型企业,定制的会议桌会采用实木喷漆或实木贴皮;新兴产业则会选择时尚的会议桌。会议桌的大小一般根据会议室的平面布局及会议室需容纳的人数进行选择。一般来说,圆形和椭圆形的会议桌可以营造一种和谐的交流氛围,同时有利于与会者形成一致的意见。在这样的平等的环境中召开会议,能够使人们放松思维,畅所欲言,有助于与会者创意和团队精神的发挥(图6-18)。长条形会议桌能够容纳更多成员,并且适合召开较为正式的会议。为了避免会议氛围紧张,会议桌应摈弃直角,选择略有弧度的边角造型,可防止伤害身体(图6-19)。会议桌一般置入隐藏式电源系统,并设置有智能升降插座,有序整洁,有助于开展会议工作。会议椅根据整体风格的需求选择皮质或布艺,一般均为弓形脚不可转动的底盘。

会议椅不同于办公椅,办公椅讲究灵活,方便移动,而会议椅,顾名思义就是在会议室用的椅子,不必要讲究灵活性,注重的应该是如何合理运用空间,能够合理地容纳更多的人。而弓形椅作为会议椅,造型简单,相比转椅来说占地面积少,可以使空间的使用率达到最大化(图6-20)。

大型的会议室或是多功能厅没有固定的会议桌,一般都采用多功能可折叠的培训桌椅或是自带小桌板的培训椅(图6-21~图6-23)。

图 6-18 圆形会议桌

图 6-19　长条形会议桌

图 6-20　弓形椅

图 6-21　可折叠可夹带小桌板的会议椅适合在多功能房间使用

图 6-22　可折叠培训桌

图 6-23　带桌板的会议椅
椅腿稳重，有轮子，椅身不可转动。

6.1.4　办公桌的周边

　　为了适应现代企业组织的弹性，除了以独立桌为基本架构以外，办公桌周边设备可配备齐全，如各种转角桌板、桌上屏风、柜台面板、配线盒等。考虑到充分利用垂直空间，配备规划文件盘、吊架等，充分符合办公室的需求。桌上线插，桌下走线，具备收纳线路功能及扩充连接功能，使办公室错综复杂的网络、电话线、电源线、信号线均能妥善收纳（图6-24～图6-26）。

图 6-24　办公桌的副柜

图 6-25　桌面多个线槽

图 6-26　桌下走线系统

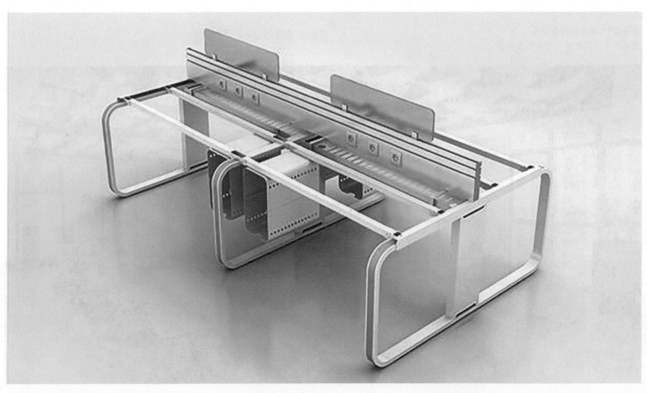

6.2 休闲区家具的选择

企业想要发展好，肯定缺少不了人才，这些人才大部分时间都待在办公室里，肯定会有疲倦的时候，需要有一个缓解疲劳的场地。休闲区可以很好地缓解员工工作的紧张和疲劳，让员工放松过后，更快地进入工作状态，更佳高效地完成工作，所以在办公室装修设计中休闲区设计尤为重要。

办公休闲区涉及茶水间、阅览区、接待区等。根据办公整体设计风格的不同，一般会在材质上有所体现，有皮质、布艺、木制等区别。一般办公区的整体颜色氛围多是比较严肃的，所以休闲区是办公空间设计中可以突破常规的一个点，因此休闲区的家具颜色多样，呈跳跃性（图6-27、图6-28）。

休闲区的家具一般分为以下几种。

（1）工作岛。工作岛介于工作与休闲之间，可满足员工之间在轻松的状态下讨论工作，并能够及时记录信息的需要（图6-29、图6-30）。

（2）吧台。吧台与茶水柜相结合，主要考虑茶歇时活动需要（图6-31）。

（3）接待区。用于接待客户，设置在经理室或前台旁边，能简单会谈。一般设置单人或双人沙发，结合茶几，提供休闲及等待的功能（图6-32）。

（4）休息区。设置低矮、多色，多组沙发平面可拼，可坐可躺，单纯为休息使用（图6-33）。

图 6-27 活跃的接待区
神奇的自然界创造出了许多神奇的图形，其中六边形受到了广泛的青睐。六边形以其特有的方式存在于自然界中的各个角落，是最完美最稳定的形状。本案以六边形为基本元素创建多元化的结构空间，加上创意家具的搭配，形成独特而舒适的空间组织。高新技术配置与灵动多元是设计的指导思想。

图 6-28 与餐厅结合的接待区
红黄家具搭配的餐厅洋溢着热烈的氛围。这里不只是餐厅，其他时间可以用于非正式聚会、公司大会、派对，以及休闲和客户洽谈。

图 6-29 工作岛式休闲区
靠背设计较高，提供较为私密的员工讨论区、接待区。

图 6-30　高椅背的沙发
休闲区的椅背高低根据私密性来确定，私人谈话空间中椅背高度要遮蔽视线。

图 6-31　吧台及吧椅

图 6-32　跟接待区相邻的休闲座椅以低矮、配色丰富、可灵活移动为主

图 6-33　可接待式沙发，可根据空间大小进行形状的拼接

（a）

（b）

6.3 屏风及其他办公家具

6.3.1 屏风隔断系统

由于灵活性界面装修对各种设备管线的包容性不强，各种设备管线几乎都设置在吊顶空间。尤其是近年来增加了很多自动化办公设备，办公桌下经常是各种接线设备纵横交错，随意搁置在地板上，不仅影响了整个空间环境的品质，同时也带来了很多的安全隐患。因此办公空间也常用成品的办公隔断系统或轻质隔墙系统分隔，尤其是在需要独立办公室与开放式相结合的办公空间，如部门经理的房间在设计中相对独立，就会采用安装方便的成品隔断使其与其他空间相互区分。由于办公隔断拆装方便的特性，可以对室内的功能组织进行灵活变化，增加了室内空间再限定的方式，各种设备走线沿墙布置，一般通过线槽或线盒进行封闭。

成品的办公隔断材料有多种选择，包括软包或硬包、玻璃隔断、部分玻璃部分木板等，且可根据具体的办公空间的高度进行定制（图6-34～图6-38）。

图6-34 软包的办公隔断
办公区的隔断采用软包形式，简单精致的木方格不断地重复和排列主导了整个空间的视觉，温暖的木色与暗色喷涂的顶面形成丰富的视觉对比。不断变化的排列也让整个空间充满了创意的气息。

图6-35 透明玻璃隔断
透明的玻璃隔断使空间通透又统一。

图6-36 可移动的全封闭式隔断

图6-37 玻璃隔断带木门

图6-38 玻璃隔断框的大小可定制

除了由办公成品隔断完全分隔封闭空间，还有一种屏风隔断系统。室内屏风隔断系统在不同程度上起到了隔声和遮挡视线的作用，而且还有划分工作单元的范围和通行通道的作用。设计人员面临的问题是确定这些隔断究竟应该选择多高。选择适当的隔断高度，最关键是人体尺寸，就是人站立时的眼睛高度和人坐着时的眼睛高度。当然，还要注意到，假如隔断是为了遮挡人的视线，那么人的视野也是很重要的。另外，隐蔽的程度也必须考虑，是把坐着的人的视线与另一侧站着的人的视线隔开，还是与另一侧坐着的人的视野分开；坐着的人是否允许从隔断上看过去。一般情况下采用三种高度的隔断：152cm高的隔断，人们站立时仍可自隔断顶部看出去（图6-39）；180cm高的隔断可提供更高的视觉私密性（图6-40）；第三种隔断约高203cm以上，提供了最高的私密性，但需要办公空间的层高在4m以上，且可能会产生压迫感。高的隔断在界定分区时相当有用，但最好能配合较低的隔断，尤其在视觉接触的区域更是如此。有的系统也采用高至天花的隔断。隔断的高度与空间面积一起作为地位高低的象征，资历越高的员工隔断越高，面积越大，按此逐级排列下来（图6-41、图6-42）。

图 6-39　152cm 高的隔断

图 6-41　半高的桌上屏，取代 20 世纪 90 年代常用的 L 形工位的隔断

图 6-40　180cm 高的隔断

图 6-42　152cm 的矮隔断组合
现代短隔断的员工位有各种组合的可能。

（a）

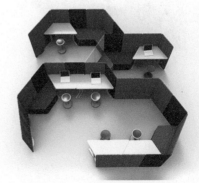

（b）

6.3.2 办公橱柜

一些小型办公家具也独具魅力，如移动长柜、桌边柜、移动推车等。它们的特点是体积小、可自由移动，因此通常在工作时为员工提供更大的便利性，例如可以作为临时讨论使用的桌面或者临时书写一些文件。这些小型家具与其他办公家具的可组合性极强，并且节约空间。如移动柜或推柜的职能是对桌架功能的补充。办公橱柜的主要用途是收纳办公时需要存储的文件，高度通常依据视点和作业面之间的距离，并考虑作业内容而定。橱柜的形式可以进行丰富的变化，但应适当，因为当放满物件时，其视觉效果与容量状态有着极大的区别。橱柜的设计应注意虚实结合，从而使大块的立面显得生动而不滞重。虚体中的空格可以在内存物的衬托下产生出丰富的艺术效果，可构成一定的韵律，从而使空间活跃起来，柜门还可以用拉手做点缀（图6-43）。

（1）边柜。边柜通常因立面较大依墙而置，有时也可用来进行空间分隔。这些文件的性质一般具有三重含义：一是公用性强，不宜由个人收藏，否则他人使用不方便；二是量大并需明细归类，故要有足够的容量；三是使用频率相对较低，无需放在手边．即使有需要时，也可从中取出，由个人暂存。橱柜一般不宜太深，以40～45cm为宜（图6-44）。

（2）档案柜。虽然专家学者预测：纸张最终将在全世界的办公室中消失，但目前和将来相当一段时间里我们仍要与纸张为伴。存放纸张最常用的方式是档案柜，档案柜的抽屉不应超过5个。

（3）吊柜。在工作面的高度上方设有吊柜或架子，吊柜下通常附有工作灯，吊柜上层搁板距地面高度应为1370～1520mm，这时椅子的高度应能使人够得着吊柜上层隔板。吊柜不仅可以扩大储藏能力，而且它的高度可以挡住人的视线，可以起到把大空间分成若干个小空间的作用，而无需再设从地面到天花板的永久性隔断（图6-45）。

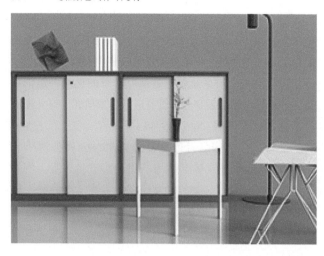

图 6-43 边柜颜色式样可定制

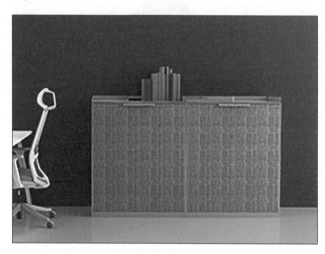

图 6-44 员工区或单间办公室的储藏柜设计风格一般与主要办公桌相配合

图 6-45 吊柜的人体工程学尺寸（单位：mm）

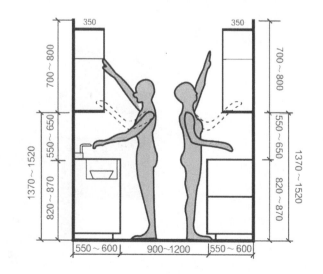

6.3.3 办公设备

常见的办公设备有电脑、打印机、传真机、办公用品等，当今的办公设备还包括弱电机柜、八爪鱼等通信设备，以及电视对讲系统等。目前办公智能化可将通信设备、影音设备等一系列办公设备进行场景模式、灯光模式的整合与控制（图6-46~图6-48）。

进行办公空间设计时，需要列出办公设备清单，以及具体的长、宽、高的尺寸，并合理安排位置。例如是否需要单独房间，如打印室、弱电机房（图6-49、图6-50）。且许多办公设备，如八爪鱼会议电话机、可视对讲系统对弱电布线很有影响，在室内的安装位置也需要设计师的统筹安排。

图 6-46　"八爪鱼"会议系统

图 6-47　弱电机柜内一般配置服务器防火墙、电话交换机等设备

图 6-48　桌上打印、复印、扫描一体机，一般用在单间办公室的办公桌副柜上

图 6-49 合理设置打印区

图 6-50 设备区单独设置

6.4 办公家具未来发展的方向

由于信息和通信领域的进步，我们现在已经进入一个东西南北相互融合的时代。在这样一个信息融合的办公时代，办公空间渐渐拥有其与功能相匹配的空间特征。例如办公空间设计的生态化、人性化，生活与办公空间一体化，办公空间智能化以及功能复合化。

以信息技术为代表的高科技是办公空间发展的原动力之一。信息技术正以我们无法预见的速度发展，信息化办公空间依托于智能化建筑的发展而发展，随着智能化建筑及自动化办公的发展呈现出智能化的倾向。智能化办公空间从设计风格的表现方式、科学技术与智能结合、艺术的表现手段、环境的人性化个性化安排等方面的相互融合来完美实现，当所有的办公设备都显现出智能化的优势时，办公家具的智能化趋势也就逐渐不可阻挡了。但目前对于智能化办公空间还只是处于摸索期间，想要完全实现智能化办公空间还是有一定的难度的，包括家具设计师等多方面人才的参与才能逐渐实现。

移动办公首先是指办公室的平面配置可以随时变化。它利用现代化的信息化网络科技，结合公司业务目标与员工人性化合理管理，采用高度灵活的办公家具，能够让员工充分享有自主性，与公司业务弹性配合，充分利用空间来调整办公家具的移动摆放。移动办公的另一层意思是指员工本身根据工作的需求来不停地进行位置变换，以此来达到快速处理企业业务的目的。

有一种新发明的便携式办公室，类似于移动办公，由EPS（聚乙烯泡沫）材料制成，外表有一层热喷涂聚脲。这个移动办公室包括两把椅子、一个桌子、台灯、电源插口以及储存柜。这些零部件可以组合起来变成一个整体的推车或是拆分开来组成一个完备的办公室环境。这个办公室装有轮子，可以让使用者便捷地改变工作地点（图6-51）。

新型的办公家具可以整合数字化办公环境，提高空间利用率。针对现代办公空间的概念性设想，整合一个数字化的使用空间，通过空间内的互动界面，在有限的空间内为不同部门间的交流和沟通提供保障，解除空间的局限，通过概念设想提供办公空间中的工作讨论的互动界面，如1305 STUDIO的设计师设计了一个可以自由组合的家具模数，将两人的使用空间扩充到了可以满足30人同时办公的要求（图6-52）。

图6-51 便携式办公室

（a） （b）

图6-52 1305 STUDIO 充满变化的家具模数

思考与延伸

1.不同形态的办公家具在平面设计中如何选择？

2.办公的设施会对办公平面设计产生怎样的影响？

第 7 章　办公空间的设备技术

　　本章选取了几个常见的与办公空间室内设计相关的技术层面内容进行介绍，包括规范内容、设备需求等。

图7-1　架空地板下面走线，上面铺设方块地毯

7.1　架空地板

　　大部分成熟的办公楼交付标准都包括预先铺设架空地板。所谓架空地板，是指在地面以上有一层架空层，架空地板的高度一般在10～15cm，超甲写字楼一般都是15cm。其对办公空间的室内设计装修工程有着极大的便利，包括以下两个方面。

　　（1）综合布线的便利性。在通信和网络领域不断更新的今天，需要不时地改变电缆和导线布线系统以满足员工工位的调整，减少综合布线的预埋管线，这对于架空地板来说是轻而易举可实现的。所有的走线系统，包括弱电与强电都是在架空层内铺设的，而架空层的井字格结构上的隔板是可以通过需求进行移动及替换，极大地方便了工位的布置(图7-1、图7-2)。

图7-2　架空地板中可以作为强弱电出口的活动模块

（2）便于安装地板送风系统。与吊顶式系统相比，一体化地板送风系统取消了大部分的风管，减少了安装工序，可以迅速、方便地安装。如果使用人员的工作位置和冷热负荷发生变化，只通过简单地移动架空地板的盖板，就可以方便地增加、减少或重新安排送风末端装置。利用架空地板的架空层进行空调送风，由于气流是从地坪流向天花板，所以大部分从安装在天花板的灯具所产生的热量还未到达地面就被排出，提高了排风温度，减少了总冷负荷；且由于地板下送风横截面较大，所以压头损失较小，减少了风机动力，因此地板送风系统较为节能。

7.2 暖通工程

暖通工程指的是采暖、通风、空气调节三方面的工程。办公空间中涉及最多的是空调工程，空调工程对层高的影响最大，对顶部造型效果也有很大影响。空调设备在整个设备系统中占用面积较大，因此在设计中应该对其进行合理的规划设计。主要应考虑以下几个方面。

（1）要对空调系统的各项指标进行合理设计，确保形成舒适的室内空气环境。

（2）要选用功率合适的空调设备，避免能源的浪费。

（3）要适应办公空间隔断、家具等不断变化的要求。

（4）要对空调系统进行经济合理的设计，尽可能地节约空间，以保证室内正常的使用功能。

（5）要便于空调设备的控制和管理。

（6）要便于空调系统的维护。

室内暴露梁板、网架等结构构件及风管、缆线等各种设备和管道，不做任何吊顶的遮挡，强调工艺技术与时代感，这种做法简称"暴露顶"（图7-3）。暴露顶是现在办公开放空间设计中的流行趋势，从功能上而言，其有利于提高层高，方便检修，降低成本；从艺术上而言，延续了高技派的工业风风格。

办公空间的空调设备的布置方式一般分为中央式和单体式，设计中要根据实际情况和需要进行选择。

下面重点介绍几种空调系统。

7.2.1 VRV（Variable Refrigerant Volume）空调系统

VRV（Variable Refrigerant Volume）空调系统即变制冷剂流量多联式空调系统（简称多联机），是通过控制压缩机的制冷剂循环量和进入室内换热器的制冷剂流量，适时满足室内冷、热负荷要求的直接蒸发式制冷系统（图7-4）。

图7-3 暴露在顶面的暖通系统，形成一种室内的工业风格

图7-4 VRV空调系统示意

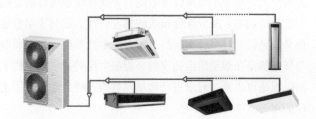

7.2.2　FCU（Fan Coil Unit）空调系统

风机盘管（FCU）是中央空调理想的末端产品，由热交换器、水管、过滤器、风扇、接水盘、排气阀、支架等组成，其工作原理是机组内不断地再循环所在房间或室外的空气，使空气通过冷水（热水）盘管后被冷却（加热），以保持房间温度的恒定。通常新风通过新风机组处理后送入室内，以满足空调房间新风量的需要（图7-5）。

7.2.3　VAV（Variable Air Volume）空调系统

变风量（VAV）空调系统与定风量空调系统一样，也是全空气系统的一种空调方式，它是通过改变送风量，而不是送风温度来控制和调节某一空调区域的温度，从而与空调区负荷的变化相适应。其工作原理是当空调区负荷发生变化时，系统末端装置自动调节送入房间的送风量，确保室内温度保持在设计范围内，从而使得空气处理机组在低负荷时的送风量下降，空气处理机组的送风机转速也随之而降低，达到节能的目的（图7-6）。

7.3　消防工程

下面是目前国内对于室内设计的消防方面的规范、标准等文件。

（1）《自动喷水灭火系统设计规范》（GB 50084—2017），2018年1月1日实施。

（2）《自动喷水灭火系统施工及验收规范》（GB 50261—2017），2018年1月1日实施。

（3）《建筑内部装修设计防火规范》（GB 50222—2017），2018年4月1日实施。

（4）《建筑防烟排烟系统技术标准》（GB 51251—2017），2018年8月1日实施。

（5）《重大火灾隐患判定方法》（GB 35181—2017），2018年7月1日实施。

（6）《建筑设计防火规范》（GB 50016—2014）局部修订的条文，自2018年10月1日起实施。

其中对于装饰专业而言，有两个规范最为重要：《建筑设计防火规范》及《建筑内部装修设计防火规范》。

图 7-5　FCU 风机盘管实景

图 7-6　VAV 空调系统示意

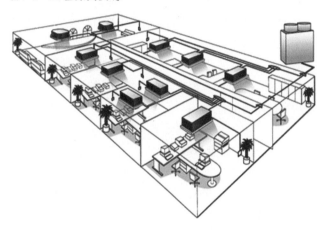

7.3.1　平面设计的消防规范

7.3.1.1　防火分区与防排烟

《建筑设计防火规范》中对防火分区的规定如表7-1所示。高层办公楼防火分区的最大面积为1500m²，如设置自动灭火系统则为3000m²。因此在进行办公空间的平面设计时，对原有的防火分区有所改变，如上下层办公空间中间打通作为中庭，则防火分区需要按照两层叠加计算，如超过规范规定的面积，则需要按照规范要求设置防火墙或防火卷帘，且中庭需设置自动喷水灭火系统和火灾自动报警系统等。具体条款详见规范中的5.3部分。

地上建筑内的无窗房间，当总建筑面积大于200m²或一个房间建筑面积大于50m²，且经常有人停留或可燃物较多时，应设置排烟设施。这里的排烟设施指机械排烟。

如果办公室内有窗户，则自然通风的面积需要达到该房间地面面积的2%。

7.3.1.2　安全疏散

建筑面积大于1000m²的防火分区，直通室外的安全出口不应少于2个；建筑面积不大于1000m²的防火分区，直通室外的安全出口不应少于1个，公共建筑内房间的疏散门数量应经计算确定且不应少于2个。位于两个安全出口之间或袋形走道两侧的房间，面积小于120m²或建筑面积小于50m²且疏散门的净宽度不小于0.90m，或由房间内任一点至疏散门的直线距离不大于15m、建筑面积不大于200m²且疏散门的净宽度不小于1.40m，可设一个门。

《建筑设计防火规范》（GB 50016—2014）中关于办公空间的消防规范要求如下。

（1）在大空间办公区域内应有自然的人行通道，通道的宽度应按火灾疏散时间和人员的数量计算确定，并不应小于1.4m，且连通至安全出口。

（2）大空间办公场所内位于两个出口之间的部位至最近的疏散出口的直线距离，不宜超过30m，且沿自然通道行走距离不宜超过45m。位于单向疏散部位的疏散直线距离不宜超过12m，且沿自然通道行走距离不宜超过18m（室内任何一点至安全出口间的直线夹角小于45°应视为单向疏散）。

表7-1　《建筑设计防火规范》中对防火分区的规定

名称	耐火等级	允许建筑高度或层数	防火分区的最大允许建筑面积（m²）	备注
高层民用建筑	一、二级	按本规范5.1.1条规定	1500	对于体育馆、剧场的观众厅，防火分区的最大允许建筑面积可适当增加
单、多层民用建筑	一、二级	按本规范5.1.1.条规定	2500	—
	三级	5层	1200	—
	四级	2层	600	—
地下或半地下建筑（室）	一级	—	500	设备用房的防火分区最大允许建筑面积不应大于1000m²

7.3.1.3　消防设施

建筑消防设施是指火灾自动报警系统、自动灭火系统、消火栓系统、防烟排烟系统以及应急广播和应急照明、安全疏散设施等。

（1）灭火器。灭火器的放置需醒目且方便使用，在没有设置自动灭火系统的情况下，办公区按照每50～100m²配置1个（图7-7）。

室内消火栓的间距不应超过50m，同一建筑应采用统一规格的消火栓，且每根水带的长度不应超过25m（图7-8）。

（2）喷淋。喷淋头正方形布置时最大间距3.6m，矩形或平行四边形布置时最大间距4.0m，一只喷头最大保护面积12.5m²（图7-9）。

（3）烟感。烟感的间距是按照面积测算出来的。宽度小于3m的内走道顶棚上设置探测器时，宜居中布置。感温探测器的安装间距不应超过10m；感烟探测器的安装间距不应超过15m；探测器至端墙的距离，不应大于安装间距的一半。烟感的保护半径可以达到6.7m，烟感之间的直线距离，最大可以达到半径×2，就是13.4m（图7-10）。

这些消防设施都会经过各专业人员的设计在相关专业的施工图纸上进行表达，室内设计人员需要大致地了解，在碰到专业之间相互影响时能提出相关有效的解决方案。

图 7-8　消火栓

图 7-9　两种喷淋头的形式

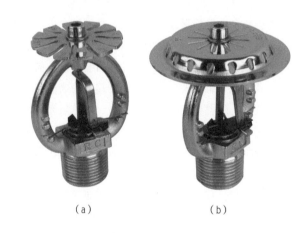

（a）　　　　　　　　（b）

图 7-7　各种规格的灭火器

图 7-10　烟雾感应火灾探测报警器（烟感）实样

7.3.2　装修材料的燃烧等级

《建筑材料及制品燃烧性能分级》（GB 8624—2006）将装修材料分为以下四个等级。

A类材料：不燃性材料；

B1类材料：难燃性材料；

B2类材料：可燃性材料；

B3类材料：易燃性材料。

一般情况下，各类材料的分级如下。

（1）A类材料包括花岗岩、大理岩、水磨石、水泥制品、混凝土制品，石膏板、石灰制品、玻璃、瓷砖、陶瓷锦砖、钢铁、铝、铜合金等。

（2）B1类材料包括以下几类。

顶棚材料：纸面石膏板、纤维石膏板、水泥刨花板、矿棉装饰吸声板、玻璃棉装饰吸声板、珍珠岩装饰吸声板、难燃胶合板、难燃中密度纤维板、岩棉装饰板、难燃木材、铝箔复合材料、难燃酚醛胶合板、铝箔玻璃复合材料等。

墙面材料：纸面石膏板、纤维石膏板、水泥刨花板、矿棉板、玻璃棉板、珍珠岩板、难燃胶合板、难燃中密度纤维板、防火塑料装饰板、难燃双面刨花板、多彩涂料难燃墙纸、难燃墙布、难燃仿花岗岩装饰板、氯氧镁水泥装配式墙板、难燃玻璃钢板、PVC塑料护墙板、轻质高强复合墙板、阻燃模压木质复合板材、彩色阻燃人造板、难燃玻璃钢等。

地面材料：硬PVC塑料地板、水泥刨花板、水泥木丝板、氯丁橡胶地板等。

装饰织物：包括经阻燃处理的各类难燃织物等。

其他装饰材料：PVC塑料、酚醛塑料、聚碳酸酯塑料、聚四氟乙烯塑料、三聚氰胺、脲醛塑料、硅树脂塑料装饰型材、经阻燃处理的各类织物等。

（3）B2类材料包括各类天然木材、木制人造板、竹材、纸制装饰板、装饰微薄木贴面板、印刷木纹人造板、塑料贴画装饰、聚酯装饰板、复塑装饰板、塑纤板、胶合板，塑料壁纸、无纺贴墙布、墙布、复合壁纸、天然材料壁纸、人造革等半硬质PVC塑料地板、PVC卷材地板、木地板、氯纶地毯等，纯毛装饰布、纯麻装饰布、经阻燃处理的其他织物等，以及经阻燃处理的聚乙烯、聚丙烯、聚氨酯、聚苯乙烯、玻璃钢、化纤织物、木制品等。

办公场所走道地面采用不燃材料装饰时对走道隔墙的审核可采取下列方式（表7-2）。

办公场所内安装自动喷水灭火系统时，走道隔墙可采用钢化玻璃等不燃烧体，但布置喷头时应对玻璃两侧进行保护。吊顶以上隔墙仍应采用耐火极限不低于1.00h的不燃烧体。

办公场所内未安装自动喷水灭火系统时，走道隔墙应采用耐火极限不低于1.00h的不燃烧体。

表7-2　办公场所走道地面采用不燃材料装饰对隔墙的审核

序号	建筑物及场所	建筑规模及性质	装修材料燃烧性能等级							
			顶棚	墙面	地面	隔断	固定家具	装饰织物 窗帘	帷幕	其他装饰材料
1	候机楼的候机大厅、贵宾候机室、售票厅、商店、餐饮场所等	—	A	A	B1	B1	B1	B1	—	B1
2	汽车站、火车站、轮船客运站的候车（船）室、商店、餐饮场所等	建筑面积＞10000㎡	A	A	B1	B1	B1	B1	—	B2
		建筑面积≤10000㎡	A	A	B1	B1	B1	B1	—	B2
3	观众厅、会议厅、多功能厅、等候厅等	每个厅建筑面积＞400㎡	A	A	B1	B1	B1	B1	B1	B1
		每个厅建筑面积≤400㎡	A	B1	B1	B1	B1	B1	B1	B1
4	体育馆	＞3000座位	A	A	B1	B1	B1	B1	B1	B2
		≤3000座位	A	B1	B1	B1	B1	B1	B1	B2
5	商店的营业厅	每层建筑面积＞1500㎡或总建筑面积＞3000㎡	A	B1	B1	B1	B1	B1	—	B2
		每层建筑面积≤1500㎡或总建筑面积≤3000㎡	A	B1	B1	B1	B1	B1	—	—

7.3.3 火灾疏散照明

火灾疏散照明包括安全出口标志灯、疏散指示标志灯和疏散照明灯三类(图7-11、图7-12)。

（1）安全出口标志灯。通常设置在疏散门口的正上方，并采用"安全出口"作为指示标志。设计师设计时应注意，位于首层的疏散楼梯门口的安全出口标志灯应安装于门口里侧上方，其安装高度不应低于2m。

（2）疏散指示标志灯。通常位于疏散走道及其转角处离地面1m以下的墙面、柱面、地面或天花板上。一般情况下，疏散走道的疏散指示标志灯，其地面最低水平照度不应低于0.5lx；特殊情况下，如人员密集的场所内，其地面最低水平照度需不低于1.0lx。

疏散走道的疏散指示标志灯具的安装间距应保持在20m以内，而对于人防工程和袋形走道应保持在10m以内；灯具距走道末端或楼梯口不应大于10m，在走道拐角区，不应大于1.0m。当厅室面积较大时，若疏散指示标志灯具装设在顶棚上时，灯具必须明装，且其安装高度不应低于2.5m。

图 7-11 安全出口标志实样

图 7-12 安全出口标志灯安装在门里侧上方，高度大于 2m

7.4　智能化工程

办公的智能化工程除了计算机网络系统外，还包括视频设备、监视系统、各种布线系统以及电话交换、数据终端等系统,并将这些设备连接起来，根据不同需要构成综合布线系统。作为智能化弱电系统之一的综合布线系统(PDS, Premises Distribution System)是为顺应综合楼宇智能化系统的发展需求而设计的一套布线系统，是一种模块化的、灵活性极高的且用于建筑物内的信息传输通道。它主要是将语音、数据、图像等设备与信息管理系统相连，为用户创造了现代信息系统环境，强化了控制与管理（图7-13）。

网络线路布设考虑有一定的余量。每个员工位至少布4条线路，其中的一条用于业务处理，一条用于管理系统，一条用于备份，另一条用于电话。弱电机房内铺设防静电地板，保证有防火、防鼠、防水、防盗等安全设施。机房内需要配备空调装置，使机房内计算机开机时温度全年保持在15～30℃。机柜采用可移动式机柜，机柜内的配线标识鲜明，排放有序，机柜内预留一定的空间，以备将来技术升级。一个300～500m²的办公空间，需要一个弱电机房，至少能容纳一个弱电机柜，尺寸为800mm×800mm，且由于其有噪声，需要房间单独放置。房间内需铺设静电架空地板，放置消防设施（如自动喷淋系统或可手持式灭火器）。

图7-13　电话会议与视频会议
各项设备铺设的完善才能带来环境的整洁美观及功能的完备。

思考与延伸

1.阅读主要规范，详细了解其中室内平面设计相关的要求。

2.熟悉常用室内装修材料，并了解其中对燃烧等级的规定。

第 8 章 办公空间施工图设计

在办公空间的设计过程中，施工图的绘制是表达设计师设计意图的重要手段之一，是设计师与各相关专业之间交流的标准化语言，是设计如何从虚的图纸成为实的物体的桥梁，是控制施工现场能否充分正确理解、消化并实施设计理念的一个重要环节，是衡量一个设计团队的设计管理水平是否专业的重要标准。

8.1 施工图设计的作用

施工图是表示工程项目总体布局，建筑物、构筑物的外部形状、内部布置、结构构造、内外装修、材料做法以及设备、施工等要求的图样。专业化、标准化的施工图操作流程规范可以帮助设计师深化设计内容，完善构思想法。同时，面对大型公共设计项目及大量的设计订单，行之有效的施工图规范与管理亦可在帮助设计团队在保持设计品质及提高工作效率方面起到积极有效的作用。

施工图，最简单的理解就是指导施工的依据。换句话说，也就是在工程正式实施前由设计人员在图纸上先以一种图纸语言符号将工程预先完整地实施一遍。而至于施工方法，应该利用节点、大样、剖面图等制图语言符号在施工图中给予详细的图示。

图纸就是指导现场施工人员进行工作的依据。目前我国对于装饰设计的图例还没有一个规范范本，各公司都有自己不同的表现方式。如果没有一套统一的制图标准，就很容易出现在一套施工图中使用不同符号表达相同意思的情况，这样既不利于与业主、施工单位的沟通，也使施工图图面效果大打折扣。另外，行业内对材料的称谓也各有差异：如对细木工板的叫法就有大芯板、夹芯细木板、细木工板等，至于石材的名称由于种种原因，就更难统一。

由于目前国家对室内设计专业的技术规范、行业标准尚不完善，对于装饰设计的图例还没有一个规范范本，各地各公司都有自己不同的表现方式。只有从根本上认识到施工图纸在设计、施工中的重要性，提高设计水平，才能真正营造出理想的现代室内环境。

目前市场上大部分的装饰设计公司往往只会给出平、立面图，剖面、节点、大样等图纸少之又少，更谈不上具体的施工方法，很多实质上的设计问题只有施工方自行解决。这种工作方式在行业发展的初期是比较常见的，但随着行业的逐步发展成熟及行业管理的逐步正规，这种方式的弊端日渐暴露。施工图纸不详细、深度不够，校对、审核、审定过程的不完善、不重视，均对图纸质量造成极大的影响。绘制水平参差不齐，图纸深度、精确度多数达不到指导施工的根本作用，造成施工无序，成本结算不清，极易造成纠纷等，甚至导致工程施工中不能完整地体现设计意图和业主的需求及造成不该有的经济损失。

装饰企业面对业主的沟通，首先体现在设计方案的效果，沟通的优劣同时也反映一个企业在设计上的实力。而施工图作为装饰施工的指导和依据，必须做到准确到位，作为设计师的首要任务就是不断提高自己的理解水平。为更好地将设计方案转换为施工图，设计师必须思考采用何种材料更经济，何种工艺更利于施工，把握各种尺度以满足客户的使用要求，以较低的工程成本达到较高的艺术效果，满足方案设计的意图。

8.2　施工图设计的表达形式

虽然工程包含的知识体系十分宽泛，但设计的出发点始终是围绕着古罗马建筑师维特鲁威提出的建筑设计三原则来进行，即坚固、耐用、美观。从这三个词不难看出，设计工作的核心就是一个处理各种矛盾的过程（图8-1）。

室内设计事实上是建筑设计的一部分，是建筑设计中不可分割的组成部分。一座建筑物的设计，必须包含内外空间设计两个基本内容。室内设计是将建筑设计的室内空间构思按需要加以调整、充实。建筑设计行业已有多年的规范和标准，因此装饰的图例符号应在建筑图例的基础上完善，只有凭借完善的规范，设计表达才能准确。

室内设计的施工图是在方案设计图纸的基础上进行更为准确的施工内容的表达，因此其基础依然是方案设计图中二维图纸即工程设计中常用的三视图的表达方式（图8-2）。这些基础图纸即是装饰设计图纸中的平面图、立面图、剖面图。设计图纸的制图经历了手工制图到电脑绘制的阶段，同时身处科技变革迅速年代的我们也经历了软件频繁更新换代甚至百花齐放的时代（图8-3）。

图 8-1　设计工作的核心

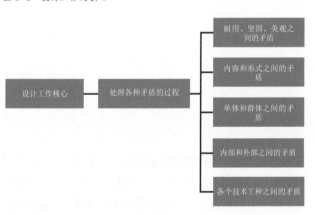

图 8-3　制图手段的发展

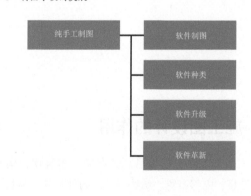

图 8-2　柜子的三视图（单位：mm）

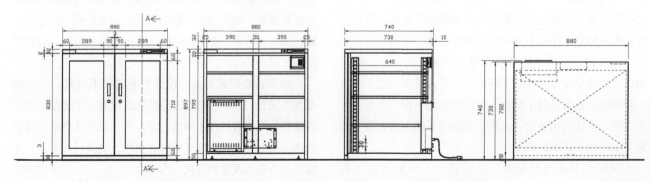

8.2.1 手工制图

在没有计算机辅助设计的时代，建筑行业是依据三视图的原理用纯手工绘制图纸的方式进行行业内部的沟通（图8-4，图8-5）。从古代一直到20世纪末期，建筑大师们表达他们的设计思想只能依靠纸、笔、尺规等作图工具，表达方式有很大的局限性。而随着社会科学技术的进步，现在人类的很多工作都已经进入了自动化、数字信息化的时代，建筑行业也并不例外。

8.2.2 计算机绘图的发展

进入21世纪之后，计算机辅助设计的出现极大程度地提高了建筑师的工作效率，并且能够更好、更清晰、更形象化地表达建筑师的设计思想。

CAD英文全称为Computer Aided Design，中文全称为计算机辅助设计，是指利用计算机及其图形设备帮助设计人员进行设计工作。在设计中通常要用计算机对不同方案进行大量的计算、分析和比较，以决定最优方案；设计人员通常用草图开始设计，将草图变为工作图的繁重工作可以交给计算机完成；由计算机自动产生的设计结果，可以快速作出图形，使设计人员及时对设计做出判断和修改。CAD在工程制图方面的应用极大地减轻了设计人员的负担，改变了设计中由于反复修改参数导致的重复绘图、设计效率低的状况；且电子文档对比以纸数据的保存方式更利于设计人员之间的交流。因此，CAD提供的便捷的制图方式以及友好的交互界面的设计平台，为设计人员提供了数据管理、易于修改图形属性、数据交换、打印输出等功能，已经让现代的设计人员离不开它了（图8-6）。

SketchUp是由布拉德·谢尔（Brad Schell）和乔·伊斯（Joe Esch）于1999年在美国的科罗拉多州的博尔德市创立的Last Software软件公司开发的一款3D可视化表达的建模绘图软件（图8-7）。它自2000年被研发到之后的短短几年间，就被世界上大大小小的建筑行业公司所青睐。它具有操作简单、容易上手的特点，能够给予用户直观的边构思边设计的体验。它与CAD二维定量的性质不同，也与3d Max的复杂的操作有别，其在创建速度和灵活性以及转换观察角度，随时对造型进行探索和完善的角度上操作性极强。该软件除了在设计前期阶段作为方案构思的首选，也逐渐应用到了辅助施工图制图的领域，其三维模拟的形态及尺寸标注的布局功能为施工及采购人员提供更为直观的视觉形象（图8-8）。

图8-4 手工绘制图纸

图8-5 梁思成测绘的四川宜宾县旧州坝白塔平立面图纸
这是现在行业内常用的三视图的表达方式，平面图、立面图及两个方向的剖面图就能很完整地展示出整个建筑的全貌。如若不够，还可以多增加几个不同位置的剖面图。

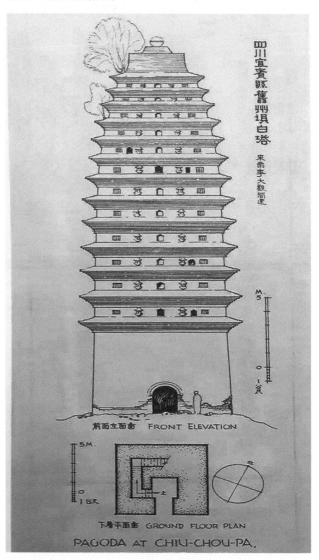

图 8-6　CAD 软件设计界面

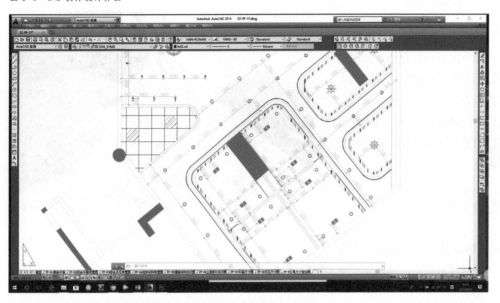

图 8-7　SketchUp 软件设计界面

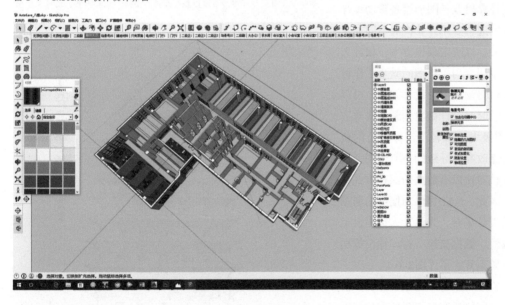

图 8-8　某室内公司顶面灯具大样图纸
该节点的施工图纸的表达方式是 SketchUp 制作的三维模型导出图片与二维的 CAD 图纸相结合。

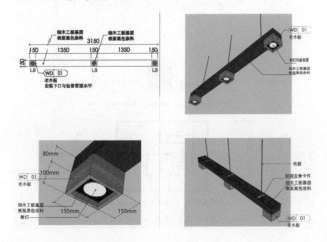

近年来，随着BIM（Building Information Modeling，即建筑信息模型化）在建筑工程领域的广泛应用，室内装饰设计及施工行业也不乏用此技术初试牛刀的项目。那么BIM是什么呢？

BIM指通过数位信息仿真建筑物所具有的真实信息，并借由对象的属性设置给建筑构件(包括柱、梁、楼板、墙体、门窗、栏杆、遮阳乃至于设施设备等)嵌附不同性质的建筑信息。

BIM是一种制图方式的统称，并不是指某一个软件，常用的BIM建模软件有Revit（图8-9）。Revit在室内设计方向应用中能够带来以下几点好处。

（1）不同图纸中的数据可以一键同步修改。审图时一旦发现某张图中出现了一些小错误，连带的几十张图全都要跟着改，Revit可以做到一键同步。

（2）可直接生成材料编号等标注。在进行材料标注时，系统会根据模型对应的信息直接生成对应的标注。

（3）可自动生成目录、材料表等。图纸绘制完成，系统会根据图纸自动生成目录、材料表、索引等。一旦改变目录，图纸名称等也都会跟着改变。

（4）复杂造型可通过三维分解表达，通俗易懂。"平立剖"不能很好表现出来的复杂造型，通过三维分解可以做到通俗易懂。并可将分解图放在图纸中，用全新的方式展示图纸。

（5）出图迅速。模型绘制完成即代表全套施工图完成。在得到三维模型的同时，还可以获得一套完整的施工图纸，可做到与CAD完美衔接。这样的好处是：模型与所有图纸联动，一处修改，处处修改。

技术的发展解决了行业发展面临的诸多问题，有效地提升了计算机在室内设计行业的价值，因此需要设计师时刻保持警惕，改变传统的设计理念与设计方法，带着逐步更新的思维方式重整我们的设计之路。

图 8-9 Revit 软件设计界面

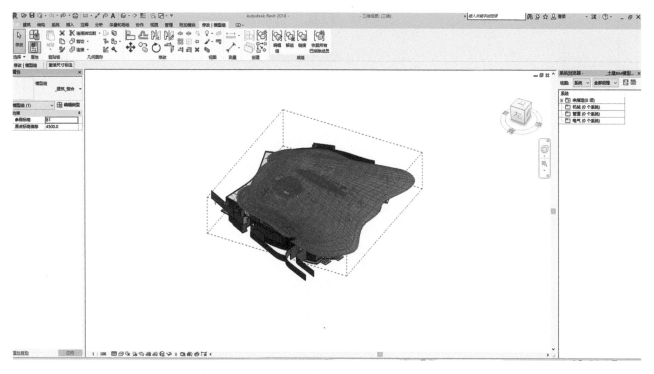

8.3　施工图的具体内容

施工图具有图纸齐全、表达准确、要求具体的特点，是进行工程施工、编制施工图预算和施工组织设计的依据，也是进行技术管理的重要技术文件。一套完整的施工图一般包括建筑施工图、结构施工图、给排水、采暖通风施工图及电气施工图等专业图纸，也可将给排水、采暖通风和电气施工图合在一起统称设备施工图。施工图按种类可划分为建筑施工图、结构施工图、水电施工图等。以下以某办公空间门厅为例进行施工图纸的介绍。

8.3.1　通用系统制图标准

8.3.1.1　封面

封面作为一套施工图纸的开篇，起到以直观表达项目名称、设计公司等基本信息的作用。封面需要包含以下几点信息（图8-10）。

（1）公司名称及标识。

（2）项目名称（如有需要，可以中英对照的形式出现）。

（3）项目位置（如有需要，可详细到门牌号）。

（4）版本信息（如施工图或方案图或深化设计图，第几版）。

（5）出图的时间。

图 8-10　封面

8.3.1.2　图纸目录

图纸目录是整套图纸的提炼，具有极强的概括性，方便设计及施工人员进行索引；且通过图纸目录能迅速地了解到全套图纸的内容及数量，理解图纸之间的逻辑关系。图纸目录需要包含以下几点信息（图8-11）。

（1）标题栏（包括序号、图号、图名、图幅等）。

（2）图纸内容。

（3）修改日期。

图 8-11　目录

序号	图号	修改版次	图纸名称	图幅	备注
01	JS-01	0	设计说明	A3	
02	P-01	0	原始墙体图	A3	
03	P-02	0	平面图	A3	
04	P-03	0	墙体尺寸索引图	A3	
05	P-04	0	地坪图	A3	
06	P-05	0	原始顶面图	A3	
07	P-06	0	顶面图	A3	
08	P-07	0	灯具定位图	A3	
09	P-08	0	综合顶面图	A3	
10	P-09	0	插座点位图	A3	
11	E-01	0	剖立面图 A-C,E	A3	
12	E-02	0	剖立面图 D,F,J	A3	
13	E-03	0	剖立面图 M,H,K	A3	
14	E-04	0	剖立面图 L,G	A3	
15	D-01	0	节点详图—1	A3	
16	D-02	0	节点详图—2	A3	
17	D-03	0	节点详图—3	A3	
18	D-04	0	节点详图—4	A3	
19	D-05	0	节点详图—5	A3	
20	D-06	0	节点详图—6	A3	
21	D-07	0	节点详图—7	A3	
22	D-08	0	节点详图—8	A3	
23	D-09	0	节点详图—9	A3	
24	D-10	0	节点详图—10	A3	
25	D-11	0	节点详图—11	A3	
26	D-12	0	节点详图—12	A3	

8.3.1.3 施工设计说明

施工设计说明有助于设计与施工人员了解项目现状，设计时所遵守的规范和设计标准，对相应的施工工艺及材料的使用和验收标准进行约定。施工设计说明包含以下几点信息（图8-12）。

（1）项目概况（包括项目名称、工程地点、建设单位、设计单位、设计范围）。

（2）设计依据（设计过程中所依据的国家标准、地方标准及规范）。

（3）装修防火设计。

（4）无障碍设计。

（5）分项工程设计（包括隔墙隔断工程、吊顶工程、地面工程等）。

（6）图纸编号说明（对索引符号及图中出现的编号进行解析说明）。

图 8-12 设计说明

装饰设计说明

一 工程概述
1本案为临空园区中山国际广场A楼7－9装修工程室内设计，本图为施工图阶段.
2本工程位于上海市天山西路789号A楼7－9层 ，设计区域建筑面积约为5600平方米.
3本次设计专业包含：装饰、电气、给排水、暖通
4本目前装修范围内已经完成公共区域室内装修，现对使用区域进行室内设计.

二 设计依据
1 业主提供的《设计任务书》
2 由上海虹桥临空经济园区发展有限公司提供的《建筑施工图》，专业包括建筑、结构、电气、给排水
3 本设计遵守国家颁发
GB50016－2014 《建筑设计防火规范》
GB50222－95《建筑内部装修设计防火规范》(2001年版)
JGJ 67－89《办公建筑设计规范》
GB50325－2001《民用建筑工程室内环境污染控制规范》(2006年修订版)
GB50352－2005 《民用建筑设计通则》
GB50210－2001 《建筑装饰装修工程质量验收规范》

5 本设计图纸未尽说明之处均应遵守国家建筑标准设计图集（中国建筑标准设计研究所出版），常用册如下：
01J304 楼地面建筑构造 J502－1～3 内装修
J111～114 内隔墙建筑构造

三 室内环境污染控制
装修环境污染控制执行GB50325－2001《民用建筑工程室内环境污染控制规范》，其装修材料的选择涉及以下内容：
1民用建筑工程使用的无机非金属建筑材料，包括砂石、砖、商品混凝土、石材、卫生陶瓷、石膏板、吊顶材料放射性指标控制.
2室内用人造木板及饰面人造木板的游离甲醛含量及其释放量必须测定限量符合标准.
3涂料、胶粘剂、水性处理剂应测定有机化合物挥发量（TVOC）或游离甲醛、苯的限量符合标准.

四 标准原则
1 尺寸单位： 所有标高及总平面标注均为米，其余标注均为毫米.
2 标高 本工程底层室内完成地坪标高为±0.000，顶面标高为地坪完成面至天花的相对标高.
3 本设计图纸的标注尺寸均应由施工人员现场勘测核对，如发现与图纸不符之处应立即与设计师联系解决.
4 本工程中使用的金属构件，均镀锌处理，表面刷防锈漆2度处理，所有木质垫材及暗材均须要经内外表面防火涂料处理，防潮剂，防腐和防蛀的表层处理. 所有粗木工作及隐蔽部份均须经验看才可安装.
5 承包人装置五金必须小心，不当之处须慎加修整，五金装妥后须经仔细检验试用. 安装后须无毛痕、凹痕等伤害，门球及把手须包裹至油漆完成后为止.
6 施工过程中凡管线穿墙、梁楼面或风口、检修口、面板开洞，不论有无设计与说明，均须设计确认，以免影响建筑质量和效果.
7.本工程新做隔墙，如无特殊说明，均为75系列轻钢龙骨，双面纸面石膏板9mm，内填充50厚岩棉.

（a）

8.本工程所有玻璃隔断部分均采用安全玻璃.
9.所有固定家具、墙面、天棚等隐蔽照明灯具的高温部位，当靠近非A级装修材料时均应采取隔热、散热等防火措施.

五 施工技术
1 此施工技术要求参考《建筑装饰实用手册》（中国建筑装饰协会组织编写）编制，目的为规范施工工艺和提供预算依据.
2 放线——根据建筑图纸，装修设计图纸及空调图纸同甲方负责人，设计单位，乙方工程技术人员共同进行图纸会审交底，到现场做实际定位，并根据规范要求，进行测量水平放线；放线时，如现场实际与设计单位发生尺寸不符时，需要乙方施工变更，甲方和设计单位应同时签字. 现场临时变更并需乙方出示方案时，必须经设计单位同意后实施，甲方予以签字.
3 非承重内隔墙工程
- 轻钢龙骨石膏板隔断—根据部位选定龙骨规格和面板详各部位设计，安装构造索引图集 J111～114
如无特殊说明，均为75系列轻钢龙骨，双层纸面石膏板12+9mm，内填充50厚岩棉.
9楼机房为75系列轻钢龙骨，双层纸面石膏板12+12mm，内填充50厚岩棉，详见大样图.

六 地面工程
- 天然板材地面——素水泥浆一道（内掺建筑胶），30厚1:3干硬性水泥砂浆找平层，素水泥浆结合层，25厚大理石（花岗岩）.（建议使用石材防护剂保护，以防石材渗变）.石材所用的胶粘剂和嵌缝胶除性能应符合要求外还应符合GB18583－2001《室内装饰装修材料中有害物质含量》标准要求.
- 塑胶地板地面——水泥自流平一道，厚度根据现场情况调整；塑胶地板，建议由专业厂家施工，以保证完成饰面平整度
- 复合地板地面——水泥自流平一道（如现场需要平整度调整）；防潮垫；复合地板
- 防静电地板地面——按高架地板规范施工

七 吊顶工程
- 纸面石膏板：轻钢龙骨（如图中无特别注明，均采用UC50系列不上人承载龙骨），9厚双层纸面石膏板，一底二度涂料饰面.
- 600x600矿棉板吊顶：
- 金属垂片吊顶 ： 面饰白色烤漆，规格高度100，间距100，具体施工按金属垂片规范操作

（b）

- 应在室内墙面，柱面抹灰及管线，灯具的部分零件安装后进行，空调、消防、电线管道的通用吊杆螺纹部分要同一高度.
- 吊顶龙骨如图中无特别注明，均采用UC50系列不上人承载龙骨.
龙骨安装时先将主龙骨与吊杆连接固定，与吊杆固定时，应采用双螺杆穿进部位上下固定焊死，然后调整主龙骨的标高.主龙骨的接头位置不允许在同一直线上，大房间可以根据设计要求起拱一般为1／200左右.天花板材安装前，应在龙骨上口拉通线控制安装时缝隙的顺直. 板块间拼缝处用接缝带，钉头用防锈漆处理，挂批石膏腻子，打磨平滑，重复三次，确认石膏板平整后，再进行饰面工艺. 安装后，为防止以后工序的施工（如墙柱面涂刷等）的污染，应作好保护措施，如贴纸带、塑料胶纸等.
- 开放式吊顶部分，顶面内部设备管道及管线曾须注意美观，横平竖直，规划合理走向

八 墙体饰面板材安装工程
- 内墙乳胶漆：采用乳胶漆底漆腻子满刮，磨光两遍. 一遍乳胶漆，磨光. 第二遍乳胶漆.
- 瓷砖墙面：基层湿润、干净，不同墙体基层处理按照规范进行，20厚素水泥浆掺5%801胶粘结层；5厚瓷砖面层.
- 银镜或灰镜饰面：6厚灰镜，后衬高密度板（刷防火涂料二度），胶水粘贴，具体做法详见节点详图.
- 背漆玻璃：6厚，后衬高密度板（刷防火涂料二度），胶水粘贴，具体做法详见节点详图.

九 裱糊工程：
壁纸墙面：基层处理，泛碱部位用9%稀醋酸中和，腻子打底. 松香水：酚醛清漆＝0.5：1，底油一道. 1：1 801胶水溶液，底胶涂刷. 分幅、裁纸、刷胶、粘贴.

十 其他：
- 沿幕墙广告位：具体做法由专业广告公司深化.
- 窗帘：员工区、单间办公室用垂直卷帘，会议区用遮光卷帘.

注：本说明主要针对装饰专业，其他专业的设计说明详见各专业图纸

（c）

8.3.1.4　材料表

材料表有助于设计及施工人员对各项材料在不同施工区域的使用进行快速的索引，为施工概预算提供相关信息。材料表应包含以下几点信息（图8-13）。

（1）材料编号。

（2）材料名称。

（3）耐火等级（装饰材料的燃烧性能等级，按国家标准执行分级）。

（4）材料使用的位置。

图 8-13　材料表

材　料　表

楼层	房间名称	地面材料		顶面材料		墙面材料		备注
		材料名称	防火等级	材料名称	防火等级	材料名称	防火等级	
7F	二级正办公室	复合地板	B1级	石膏板白色乳胶漆	A级	米色乳胶漆，织物硬包，拉丝不锈钢踢脚 石材窗台板	A级	
	二级正副走道	灰色石材	A级	石膏板及铝板吊顶	A级	白色乳胶漆，拉丝不锈钢踢脚，石材窗台板	A级	
	二级副办公室	复合地板	B1级	石膏板白色乳胶漆	A级	米色乳胶漆，拉丝不锈钢踢脚，石材窗台板	A级	
	小会议室	复合地板	B1级	石膏板白色乳胶漆	A级	白色乳胶漆，拉丝不锈钢踢脚，石材窗台板	A级	
	三级正办公室	塑胶地板	B1级	矿棉板600x600	A级	白色乳胶漆，拉丝不锈钢踢脚	A级	
	三级副办公区	塑胶地板	B1级	白色铝垂片吊顶，深灰色乳胶漆	A级	白色乳胶漆，拉丝不锈钢踢脚	A级	
	员工区	塑胶地板	B1级	白色铝垂片吊顶，深灰色乳胶漆	A级	白色乳胶漆，灰色PVC踢脚	A级	
	中会议室	塑胶地板	B1级	石膏板白色乳胶漆	A级	白色乳胶漆，拉丝不锈钢踢脚	A级	
	大会议室	塑胶地板	B1级	白色U型铝垂片吊顶　深灰色乳胶漆 (1.0壁厚，25宽，高度150，间距150) 石膏板白色乳胶漆	A级	白色乳胶漆，拉丝不锈钢踢脚	A级	
	档案室	塑胶地板	B1级	开放吊顶	A级	白色乳胶漆，灰色PVC踢脚	A级	[illegible]
	库房	塑胶地板	B1级	开放吊顶	A级	白色乳胶漆，灰色PVC踢脚	A级	[illegible]
	茶水间	塑胶地板	B1级	石膏板白色乳胶漆	A级	白色乳胶漆，拉丝不锈钢踢脚	A级	
	更衣间	塑胶地板	B1级	石膏板白色乳胶漆	A级	白色乳胶漆，灰色PVC踢脚	A级	
	机房	防静电地板	B1级	开放吊顶	A级	白色乳胶漆，灰色PVC踢脚	A级	[illegible]
8F	门厅	原有石材地面	B1级	石膏板白色乳胶漆	A级	清镜	A级	
	前台	地毯	B1级	白色U型铝垂片吊顶　深灰色乳胶漆 (1.0壁厚，25宽，高度150，间距150)	A级	人造石	A级	
	二级正办公室	复合地板	B1级	石膏板白色乳胶漆	A级	米色乳胶漆，织物硬包，拉丝不锈钢踢脚 石材窗台板	A级	
	二级正副走道	灰色石材	A级	石膏板及铝板吊顶	A级	白色乳胶漆，拉丝不锈钢踢脚，石材窗台板	A级	
	二级副办公室	复合地板	B1级	石膏板白色乳胶漆	A级	米色乳胶漆，拉丝不锈钢踢脚，石材窗台板	A级	
	贵宾室	复合地板	B1级	石膏板白色乳胶漆	A级	米色乳胶漆，拉丝不锈钢踢脚，石材窗台板	A级	
	三级正办公室	塑胶地板	B1级	矿棉板600x600	A级	白色乳胶漆，拉丝不锈钢踢脚	A级	
	三级副办公区	塑胶地板	B1级	白色铝垂片吊顶，深灰色乳胶漆	A级	白色乳胶漆，拉丝不锈钢踢脚	A级	
	员工区	塑胶地板	B1级	白色铝垂片吊顶，深灰色乳胶漆	A级	白色乳胶漆，灰色PVC踢脚	A级	
	小会议室	塑胶地板	B1级	石膏板白色乳胶漆	A级	白色乳胶漆，拉丝不锈钢踢脚	A级	
	中会议室	塑胶地板	B1级	白色U型铝垂片吊顶　深灰色乳胶漆 (1.0壁厚，25宽，高度150，间距150) 石膏板白色乳胶漆	A级	白色乳胶漆，拉丝不锈钢踢脚	A级	
	后保仓库	塑胶地板	B1级	开放吊顶	A级	白色乳胶漆，灰色PVC踢脚	A级	[illegible]
	仓库	塑胶地板	B1级	开放吊顶	A级	白色乳胶漆，灰色PVC踢脚	A级	[illegible]
	爱心妈妈	塑胶地板	B1级	石膏板白色乳胶漆	A级	白色乳胶漆，灰色PVC踢脚	A级	
	阿姨房	塑胶地板	B1级	开放吊顶	A级	白色乳胶漆，灰色PVC踢脚	A级	[illegible]
	更衣间	塑胶地板	B1级	石膏板白色乳胶漆	A级	白色乳胶漆，灰色PVC踢脚	A级	
	茶水间	塑胶地板	B1级	石膏板白色乳胶漆	A级	白色乳胶漆，拉丝不锈钢踢脚		
	机房	防静电地板	B1级	开放吊顶	A级	白色乳胶漆，灰色PVC踢脚	A级	[illegible]

8.3.2 平面系统图制图标准

8.3.2.1 原始结构图

原始结构图是设计师拿到的原始建筑的图纸，放在整套图当中是作为装饰图纸的参照。原始结构图应包含以下几点信息（图8-14）。

（1）原始建筑图纸，不要忘记承重墙与柱的相关数据。

（2）保留原始的结构尺寸与门窗等建筑细部尺寸。

（3）注意建筑层高与梁的信息。

（4）注意保留原始建筑的轴号。

图 8-14 原始结构图

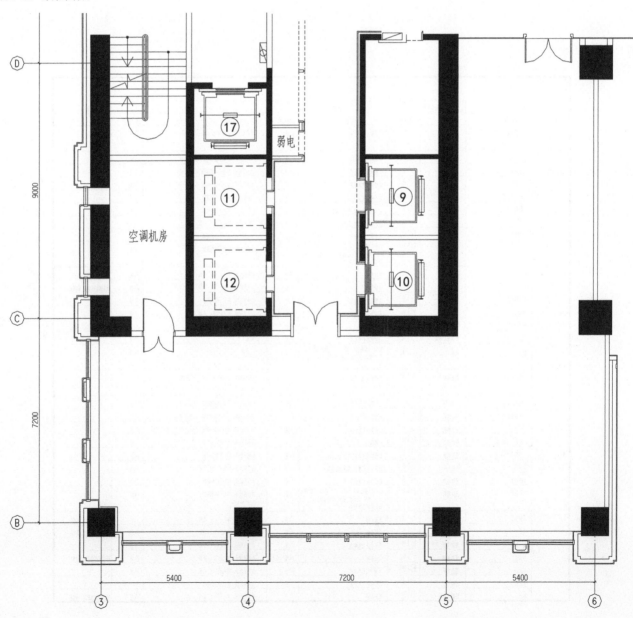

8.3.2.2 平面布置图

平面布置图表达出完整的平面布置的内容。平面布置图应包含以下几点信息（图8-15）。

（1）空间布局、墙体信息。

（2）功能房间名称与面积。

（3）固定家具与软装信息。

（4）装饰线条。

图 8-15　平面布置图

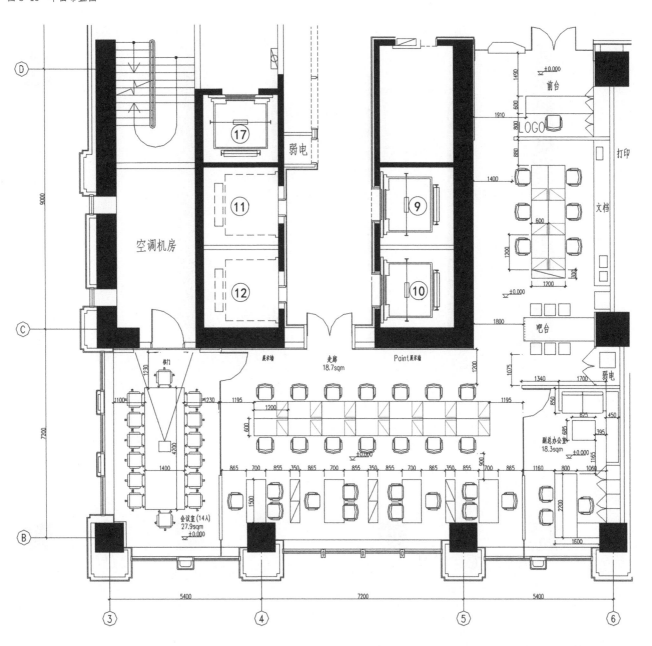

8.3.2.3 墙体定位图

墙体定位图是为施工人员现场放线进行拆除及新建墙体提供依据。墙体定位图应包含以下几点信息（图8-16）。

（1）新建墙体定位及尺寸。

（2）拆除墙体定位及尺寸。

（3）墙体相应的图例及说明。

图 8-16 墙体定位图

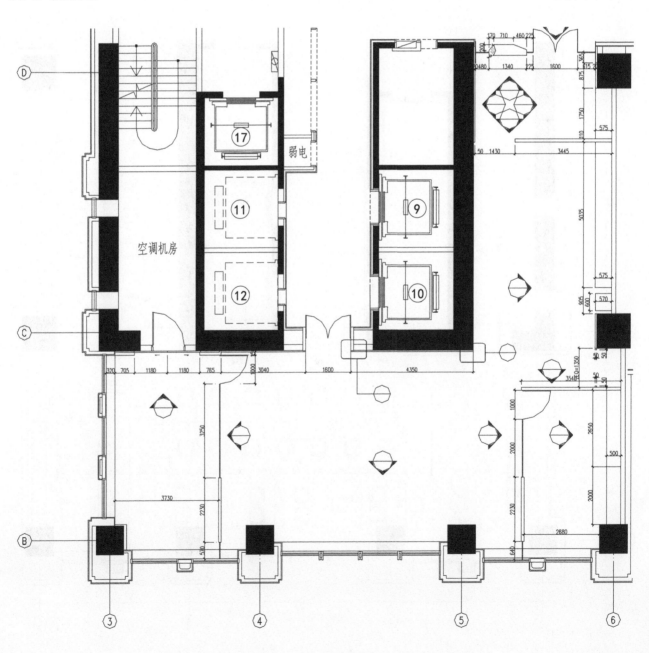

8.3.2.4 地面铺装图

地面铺装图是对空间的地面高差以及地面材质进行详细的标注及说明。地面铺装图应包含以下几点信息（图8-17）。

（1）各空间地面标高及铺地材料及尺寸标注。

（2）各材料的铺贴方式及起铺点。

（3）有特殊设计的拼贴方式可用模块图例进行说明。

图8-17 地面铺装图

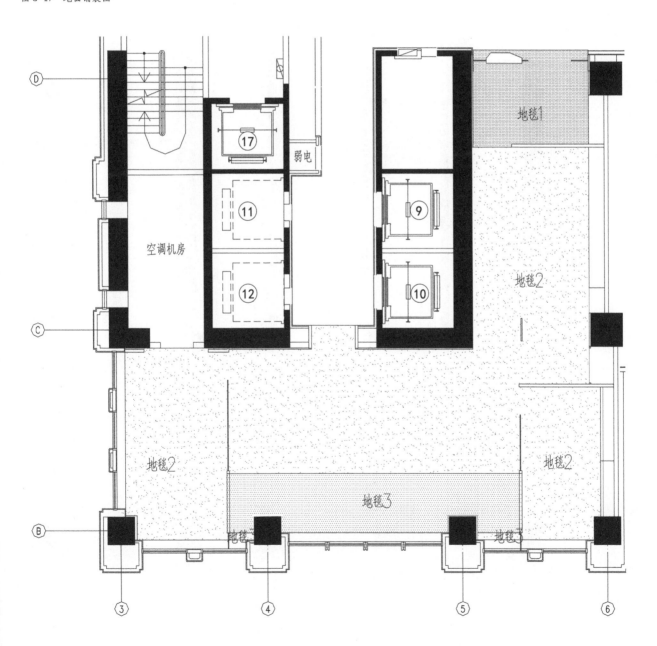

8.3.2.5 顶面造型定位图

顶面造型定位图为顶面施工时提供尺寸依据。顶面
造型定位图应包含以下几点信息（图8-18）。
（1）顶面的造型尺寸定位及详细尺寸。
（2）各空间不同造型的轮廓线及标高。

图 8-18　顶面造型定位图

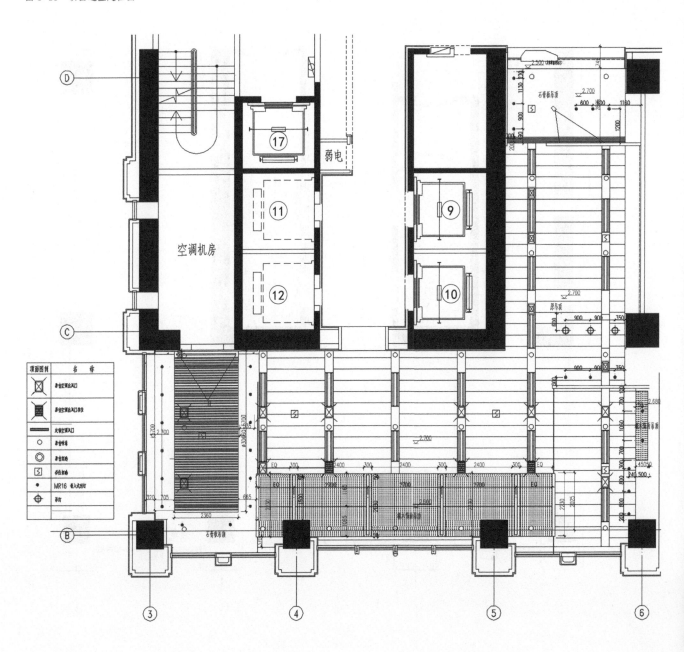

8.3.2.6 顶面灯具定位图

顶面灯具定位图为电路施工提供准确的灯具定位信息。因此顶面灯具定位图应包含以下几点信息（图8-19）。

（1）各灯具中心点的定位。

（2）各灯具的图例（包括光源类型、型号、色温、功率等）。

8.3.2.7 索引图

索引图使当前平面的相关立面及节点可以通过索引符号来进行图号的索引，方便设计及施工人员迅速找到相应图纸进行查询。索引图应包含以下几点信息。

（1）立面索引编号。

（2）大样索引编号。

（3）节点索引编号。

（4）门窗索引编号。

图 8-19 顶面灯具定位图

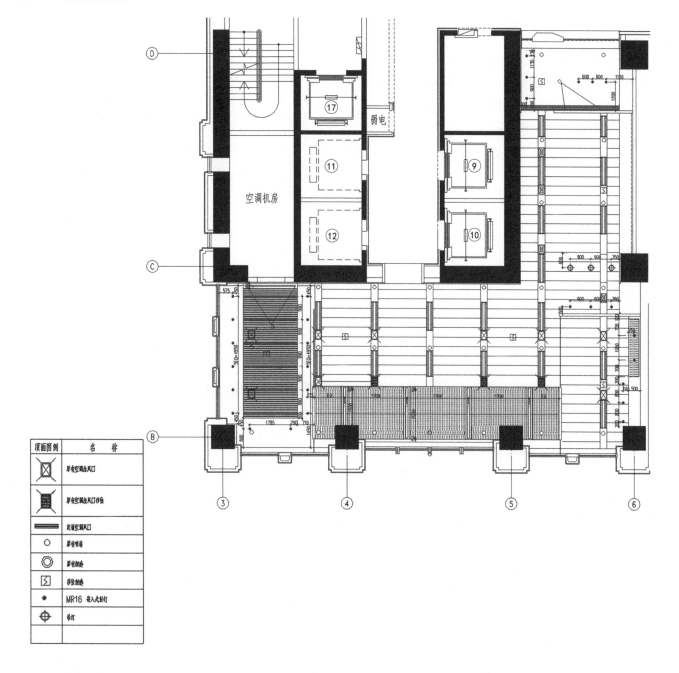

8.3.3 立面系统图制图标准

8.3.3.1 室内立面图的概念及表达内容

室内立面图用以指导墙面的施工，因此其包含了立面造型分割及材质使用的相关信息（图8-20）。

8.3.3.2 室内立面图的绘图顺序

（1）还原建筑的原始状况。还原原土建的墙体信息，包括两侧墙体的轴号、轴距、墙体类型，了解幕墙状况，表达幕墙与楼板之间的关系。

还原地面信息，如地暖、架空层送风等设备信息，了解施工回填的材料及方式，复核地面标高是否满足设计层高。

还原顶面信息，勘察现场梁体尺寸，了解设备（暖通、消防、新风、智能等）所需空间与设计吊顶线的标高是否有冲突可能并及时进行调整。

还原立面中原始门窗信息。

（2）还原设计顶棚状况。对照顶面造型定位图，还原顶面造型的位置及标高状况，需要表达出顶面的灯具位置及类型。

（3）立面造型设计制图。立面造型设计需要表达墙面的造型尺寸、纹理、比例等关系，并且立面上装饰材质的分隔情况需要与顶面上的射灯排布位置进行整体设计。立面设计中不同的立面材料需要使用不同的填充方式、填充内容、材料编号、材料标注，三位一体的标注方式方便施工人员进行概预算及施工现场管理。

（4）家具信息。固定家具用实线表达，因需要现场定制，所以需要详细尺寸标注，如必要，则需绘制平立剖大样图纸。

活动家具与装饰艺术品一般用虚线表达，只是起到示意大小、提示位置的目的。

图 8-20 室内立面图

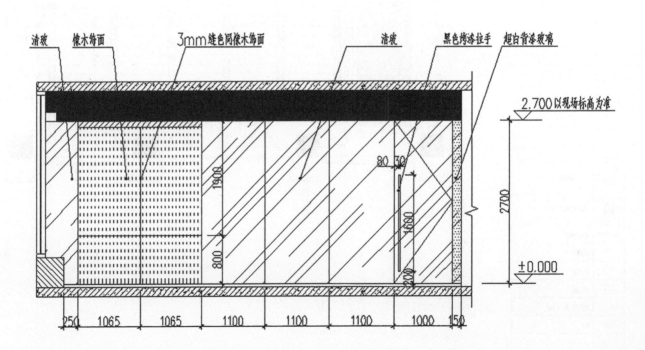

8.3.3.3 室内立面图的排版出图

为了使图纸的排版更为美观，一般按照确定的比例大小进行图纸排版，立面图纸的比例按照设计深度不同，常用的比例有1∶30、1∶50（图8-21）。

图 8-21 立面图排版

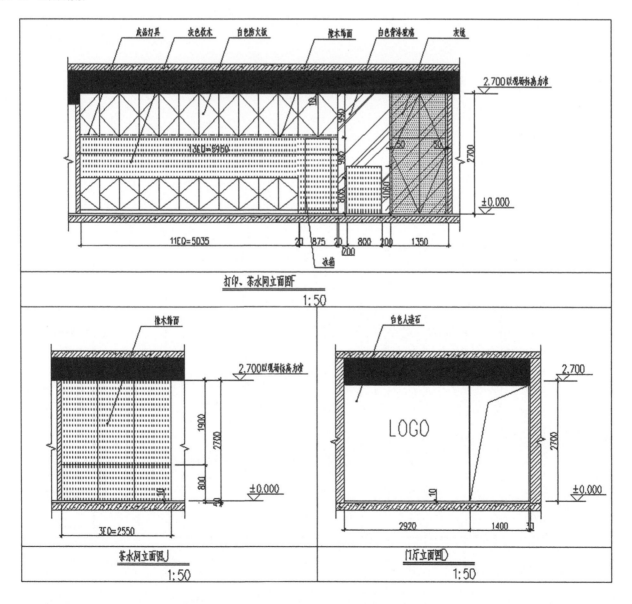

8.3.4　节点大样系统图制图标准

节点大样图分为两类。一类是大样图，即把设计中某些需要定制的内容，例如固定柜、某种墙面的装饰，将其使用的材料以及各部分细节的具体尺寸标注出来以供施工人员进行定制（图8-22）。

另一类是节点图。节点图的绘制需要经过长期的施工现场及设计绘图相互验证学习得来。常规的通用节点已经不需要再单独绘制，因此每个项目只有特殊做法需要设计人员单独绘制。这不但要求设计人员了解材料性质进行节点施工说明，还要求设计师对整个项目设计的通用节点有一定程度的了解。

图 8-22　固定柜大样图

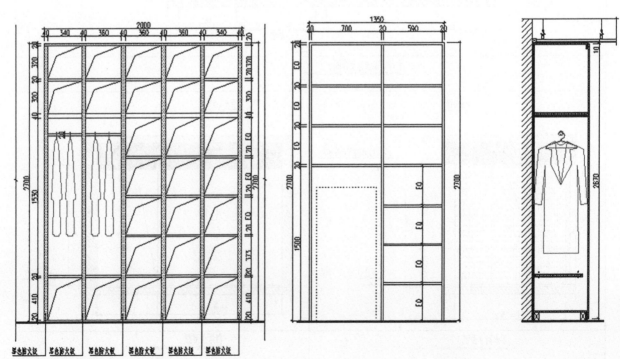

8.3.4.1 节点的设计材料

绘制节点，先要了解构成节点的材料性质本身。室内装饰材料究其性质大致分为以下三种。

（1）涂料，例如乳胶漆、地坪漆、木器漆、腻子等。

（2）块材，例如石材、瓷砖、矿棉板、铝板等。

（3）面材，例如木饰面、防火板、木纹膜、镜面等。

8.3.4.2 节点的设计思路

材料之间的交接工艺来源于基础力学的原理，因此工艺做法可以分为以下两个大类。

（1）物理。即是用物理的手段进行材料的交接，物理手段指的是榫卯、钉子、螺栓等。

（2）化学。即使用化学的手段进行材料的交接，化学的手段指的是硅酮密封胶、结构胶等。

因此，节点的构造层次可以按照以下的逻辑推导进行绘制（图8-23）。

如完成面是镜面或是背漆玻璃，则节点工艺应该为：镜面—强力胶—基层板—原结构层（图8-24）。

如完成面是乳胶漆，则节点工艺应该为：乳胶漆—基层板（石膏板）—钉子类—龙骨—原始结构层（图8-25）。

如完成面是石材，则节点工艺应该为：石材—钉子类—钢龙骨—原始结构层（图8-26）。

图 8-23 节点构造层次的逻辑推导

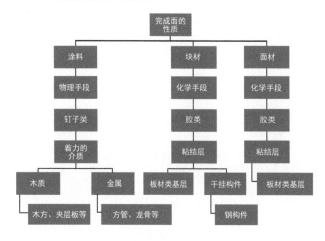

图 8-24 面材类节点示意图

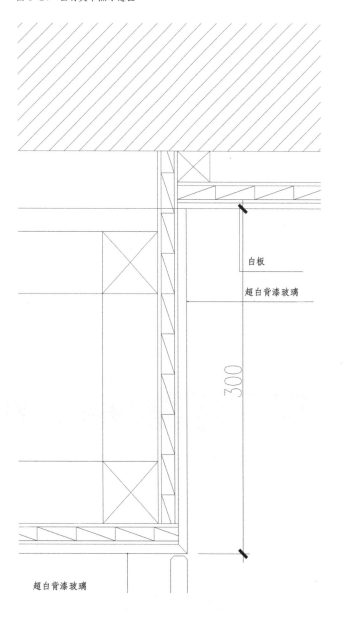

白板

超白背漆玻璃

300

超白背漆玻璃

图 8-25 涂料类节点示意图　　　　　　　　　　图 8-26 块材类节点示意图

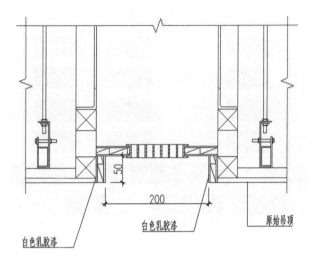

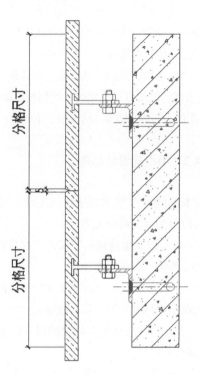

思考与延伸

1.绘制装饰施工图的主要目的是什么?

2.BIM在室内设计制图与施工过程中的应用有哪些?

3.装饰施工图纸中平面布置图中的尺寸定位主要是为了标注哪些距离?

4.装饰施工图纸中综合顶面图中需要综合哪几个工种的图纸?

第 9 章 办公空间室内设计实例

　　办公空间室内设计是因公司性质而异的，这些个性特征表现为室内设计中的空间设计要素、构造设计要素、界面设计要素和装饰设计要素各有不同。而这些个性特征是建立在共性的基础之上的，这些共性特征表现为室内设计中的物理环境、生理环境、心理环境和视觉环境等人的共性需要。

9.1　某金融公司上海分公司办公空间设计

　　本案例为某金融公司上海分公司办公空间设计。该案例的特点为整体使用面积较小，但"麻雀虽小，五脏俱全"。总面积不到200m²，但需要安排20个以上员工位，4个部门经理位，1个总经理室，1个容纳18人开会的会议室，加上打印设备区、员工休息吧台、1个弱电机房（至少放置1个弱电机柜）。因此，本案例的设计思路为在满足全部功能的前提下，让空间显得更大，体现一个现代精干的金融公司形象（图9-1～图9-10）。

图 9-1　入口采用超细LED灯带通过门头镜钢的反射无限延伸，投射灯的椭圆形光斑给公司标识带来了醒目的提示

图 9-2 由于前台区域较小，侧面采用灰镜以达到延伸背景墙的效果

图 9-3 员工区侧面的整体柜提供了储存空间的同时也解决了办公设备区（打印、复印）等功能需求

图 9-4 吧台处的吊灯增加了整体的氛围

图 9-5 顶棚与铺地的同时空间限定，区分了部门经理与员工区的功能区域

图 9-6 侧墙中间部分用卷材白板铺设，立面统一连贯的同时提供了员工讨论记事的功能；且哑光白板能够直接用小型投影机在上面投影

图 9-7 地毯及顶面材料通过透明玻璃延伸进了经理室与会议室，将空间的感觉更加放大了

图 9-8　小巧的吧台是员工工作之余难得的休闲空间

图 9-9　软包的背景墙下设抬高区域，为会客区增加了"座位"

图 9-10　文件柜的高度控制为 1.2m，不遮挡靠外墙的光线

9.2 某金融公司上海静安中心办公空间设计

本案例的设计难点在于基地位于超高层建筑的裙房，因此，高层部分的结构转换在一层形成了形状各异的柱子，有直径600mm的圆柱，也有600mm×1500mm的方柱，且方柱与外墙成45°，给功能区域的排布增加了许多难度。因此，如何满足甲方提出的方正空间的需求成为设计师思考的重点（图9-11～图9-15）。

图9-11 会议室效果图

图9-12 经理室采用传统的坐西面东的设置

图9-13 从入口延伸到背景墙的水波纹大理石体现了金融公司的特性，平面上的斜方柱作为会客室之间的分隔。会客区的顶面采用了双层光带，强调了无框玻璃的通透性

图 9-14 一层平面布置图

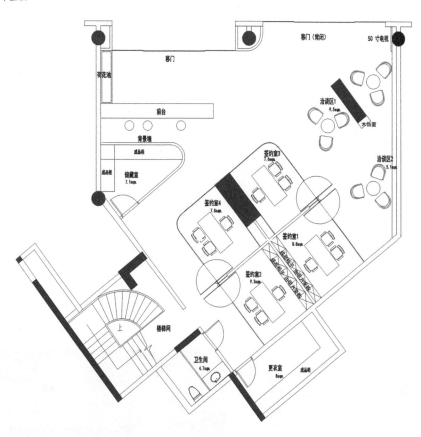

图 9-15 二层平面布置图

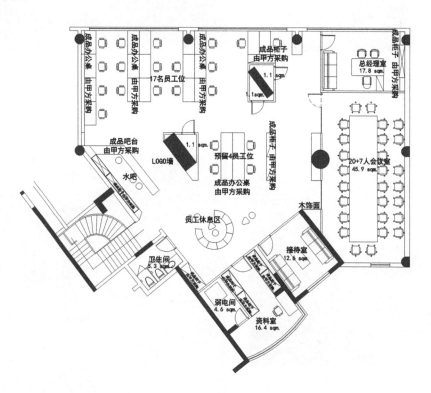

9.3 某公司苏黎世办公室设计

本案例为2007年由卡门青德·伊瓦鲁（Camenzind Evolution）公司为某公司设计的苏黎世办公室。新的办公楼位于苏黎世的里曼阿瑞尔（Hrlimann-Areal），距市中心仅咫尺之遥。这幢7层的现代化办公楼最初是本地的一家啤酒厂，后被改建成商场、酒店和办公分离的综开性商务楼。这个商务楼局部被该公司租下，预计建成后办公面积达1.2万平方米，至少可以容纳1600名员工（图9-16～图9-34）。

图9-16 员工位都配置可旋转双屏电脑，且每隔一段就有一个"蛋"作为独立的休息区域

图9-17 "蛋"内的休闲空间

图9-18 员工区相对紧张，留了大量空间给予休闲区域

图9-19 给员工配备的瑜伽房

在这里，巨大的滑梯可以将员工直接从办公室送往餐厅，品尝由内部大厨制作出的精美佳肴；感觉疲惫时可以换个环境，去嗨歌、玩台球，或者是打篮球、踢足球、做按摩，换种方式找到灵感；而开会的场所也不拘泥于大的会议室，甚至可以坐在去往雪山的"缆车"中进行头脑风暴。愉悦的氛围不会让人有不想上班的坏感觉，反而会觉得工作也可以是一件幸福而靠谱的事情。

图 9-20　每个区域都有自己的分区颜色

图 9-21　桌上足球与桌球配合吧台区

图 9-22　古典风格的休息区

　　整个办公区域充满了设计感与科技化的装饰，如躺椅、按摩床、洗浴区、健身房、游戏区，以及免费的吃不完的美食餐厅，甚至还有麦当劳、电影院等。这里就像是一个迷你城市，不出办公室就已经能够满足生活的全部需求。公司这么做就是想让自己的员工能够充分地发挥自己的想象力与主动性，让员工最大程度上增加对工作的满意度以及在办公室驻留的时间。

图 9-23　车厢内也可以办公

图 9-24　娱乐区也提供水吧服务

图 9-25　每个员工位除了顶棚的普遍照明外，员工桌自带补充光源

图 9-26　吧台区域的风格结合了当地的民族特色

　　在休闲区设有水族箱、沐浴室、减压舱和推拿间，借有从瑞士雪山上"移植"下来的缆车，乃至连楼梯都没有平路，可以直接从仿制的消防队的滑竿上滑下，也可以坐上儿时玩的滑梯轻松到达下一层。北极、非洲、亚洲的各类风格都整洁地穿插其中，不同区域用不同色彩和主题的地毯做分隔。眼睛需要休息时可以躲进帐篷里舒舒服服睡一觉，肚子饿的时候可以去自助餐厅享用免费的美食，活动筋骨的话就约同事在跳舞毯挥汗10min，小组开动脑会时，还可以把"豆包椅"滚到一起，窝在里面各抒己见。

图 9-27　鲜花区的布艺风格

图 9-28　鲜花区的"蛋"

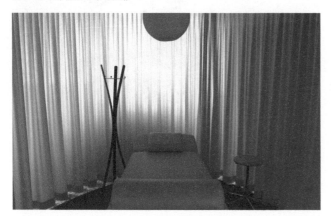

图 9-29　鲜花休闲区

图 9-30　户外休闲区

　　在办公区域，设计理念就"收敛"很多，属于员工自己的格子间完全交给员工去自由拆饰（据说每个员工发了"拆建费"）。办公室分为启闭式和半开放式，沿着中间走道排开。启闭式空间可包容4~6人，用半通明的玻璃墙包围，采光很好又保证了私密性。半开放式为6~10人一间，从供人随时躺下的懒人椅到林林总总的抱枕都体现了愉快第一的概念。为了和位于世界各地的分公司保持亲近的接洽，具备完善的视听系统的会议室是必不可少的。除标准会议室外，有很多极具风格的小型会议室，如北极冰屋风格、英格兰民居风格和瑞士小板屋风格等，不可能不说该公司是在绞尽脑汁地"讨好"员工了。

图 9-31　前台的接待区，与随处可见的卵石坐垫一样风格的前台吊灯

图 9-32　公司提供了多种不同的水吧，这里命名为科技站

图 9-33　专门的KTV式的包间为有音乐爱好的员工提供配乐的场所

图 9-34　另一风格的独立休息区

9.4 泰国某电信公司总部办公空间设计

本案地点在泰国曼谷，由澳大利亚设计师哈瑟尔（Hassell）设计，可容纳3500名员工，整体面积为62000m²，超过20层楼。2009年6月，泰国某电信公司将其庞大的团队从六座单独的建筑里一起搬迁到曼谷查楚里（Chamchuri）广场办公大楼内。如今公司团队有史以来第一次在同一片屋檐下一起共事，占据了20层楼62000m²的面积。这是泰国历史上最大的办公租赁搬迁活动（图9-35～图9-40）。

当地木材丰富多样，设计选用了不同种类用于地板、墙面及天花板、框架等。本地制造的棉、丝织物也用于整个设计中。因此，在控制了预算的前提下，也加快了工程的进度。

图9-35 设计师给办公空间的铭牌都设计了小图标

图9-36 不同种类木材的应用

（a）

（b）

（c）

（d）

　　一个令人兴奋和舒适的工作环境往往是大公司的"承诺"和员工的期许。这个电信公司实现了这点，在欧美国家公司里常见的娱乐区也设置在这个办公大楼内。对于全体员工来说，新环境旨在传达该公司的理念"玩与学"。

　　该公司运用自然木材、自然光和一些定制的空间创造了这个开放灵活的环境。空间设计里不乏抢眼之处，包括巨大的环形图书阅读场地，一整片休闲娱乐场地：室内足球场、乒乓球馆、跑步机，以及音乐会与演出场所。另外的一些定制空间包括谈心角、自由形式会议室、野餐桌和餐厅。所有的设计都是为了鼓励随意而又面对面的会见。

图 9-37　员工休息区

秉承着"玩与学"的理念，设计师在一个通信公司中造出了圆形剧场般的图书馆，包括一个运转的轨道，轨道包围着一个音乐厅和一个锻炼室。图9-38为弧形图书馆，是一个适合沉思和休闲阅读的好地方。

室内跑道、足球场和乒乓球馆，还有一个听音乐会的大厅。如果你觉得还不够放松，可以再上到20层顶楼的屋顶花园，俯瞰曼谷市婀娜多姿的全景，眺望一下远方的天际线。建筑物上面的开放式阶梯可以俯瞰着整个曼谷。且阶梯提供了一个内外交流的平台，可以适应支持该电信公司的各种宣传活动，并能举办客户和员工的各种活动。

图 9-38 弧形图书馆

图 9-39 环形报告厅

图 9-40 音乐厅

9.5 美国纽约某绩效管理公司办公空间设计

美国某绩效管理公司是一家全球性的资讯和媒体监测集团,在提供市场和消费资讯、电视和其他媒体监测、在线情报、移动媒体监测、商业展览以及相关资产方面居于市场领先地位。本案是其新近开设的位于纽约的技术中心办公室,由斯维札(the Switzer)设计团队打造。

随着全球性的广泛战略合作的展开,该公司需要建立一个技术中心支持其战略发展。该公司将纽约的硅谷作为技术中心的战略要地,以吸引并留住竞争激烈的行业优秀人才。这处技术中心运用前沿的设计理念,消除了所有的私人办公室,让员工跻身于开放的协作空间共同办公。

各式座椅、沙发、小凳、茶几和桌子可自由重组布局,满足不同的团队需求。本案还特别配备了谷歌公司推出的带有滑轮的协作数码白板,灵便的移动性能,让团队成员实时分享与合作完成创意灵感(图9-41~图9-48)。

图 9-41 员工休息区背景墙有着丰富的肌理

图 9-42　小会议室墙面由印花玻璃构成

图 9-43　阶梯状的沙发增加了会谈的趣味性

图 9-44　水蓝色折板吊顶极大地丰富了空间

　　会议室不再是传统意义的布局，好玩有趣又时尚摩登，每层都有自己的设计主题。比如三楼的会议室是20世纪80年代奇异发型摇滚乐队的主题空间，四楼则是以90年代女歌手、词曲作者命名的主题空间。

　　每个空间的设计都与其所对应的同名艺术家相契合，以各具特色的沙发、座椅、茶几和装饰元素塑造个性氛围。每个房间都配备2台屏幕，以达到最佳的谷歌视频群聊的完美体验。丰富的材质肌理和时尚靓丽的家具配色也是本案的设计亮点。

图 9-45　复古的木板增加了怀旧的气氛

图 9-46　用彩度高的隔墙来分隔小会议室

图 9-47　女性主题的会客空间

图 9-48　复古的墙板与前台相呼应

9.6 某品牌联合办公空间设计

该公司明白设计之于品牌战略营销的重要性。无论品牌选址何处,其共同的特质是最大化地利用每一寸可用空间。公司为企业家、初创公司、独立人士和小型工作团队提供了一个交流思想、促进业务发展的共享平台。

罗德岱尔堡是一座位于美国佛罗里达州布劳沃德县的城市,因为有着绵密的运河系统贯穿于这座城市之间,因此有着"美国威尼斯"的盛名。设计团队以此为灵感规划整个空间布局,以灵动多元的设计原则将各工作区围绕以"河"为主动线的空间布局(图9-49~图9-55)。

一张极为有趣的接待台所构筑的接待空间,如同运河的交汇点将人们引向各个支流:社交休闲区、多元茶水区以及工作区。

图9-49 "河"的动线在空间中为蓝色

图9-50 缆绳是当地的航海元素

图 9-51 公司的英文名称被巧妙地镶嵌在顶棚上

一处名为"码头"的咖啡区是此处主要的聚会场所，这里设有强大的阶梯式座椅，可以举办容纳50人左右的派对活动。一旁的茶水区延伸了活动区的面积。这里可以灵活应用，既可以举办私人派对，也可以合二为一承办大型社区活动。

室内有趣的家具设计、小船装置、缆绳和装饰图案都来源于航海的灵感启发，将当地城市影像映射于空间的设计中。装饰于顶面的粗壮缆绳寓意着连接，连接起各个空间和这里的所有成员。

沿着主动线行走可以看到一些有趣的共享空间的设计。不规则的空间布局、上实下虚的隔间墙体丰富了空间视觉。设计团队运用多元化的材质和地毯创建丰富的空间区域，令每个区域都有着惊艳的视觉效果。

公共设施和协作空间以及私人办公室尽量沿周边布局，不仅为整个室内空间带来充足的光照，也让每位成员都能分享到开阔的城市美景。

图 9-52 家具中也蕴含着公司的名称

图 9-53　会议室的墙面可以直接书写

图 9-54　类似海边的洽谈空间

图 9-55　"码头"处阶梯状的休闲空间

9.7 某广告公司上海分公司办公空间室内设计

广告公司作为创意机构，其办公室的设计也会处处诠释着公司的创造力和文化精髓。办公空间的室内设计会为广告公司的颜值树立一个全新的标杆。

该办公空间位于上海北外滩，拥有3层楼、近4000m²、可容纳500余人的独栋办公室。整个办公室极具创意设计，尤其将标识的解构设计体现在了办公室的各处（图9-56~图9-61）。

走进公司大门，公司的标识随处可见，从顶部的吊灯到背景墙，再到LED屏，让品牌融入整个办公区；前、左、右的三块LED屏让访客步入大门，目之所及均保持画面的连贯性。设计师为地面选择Bolon品牌的地毯，并通过单色转向来获得色彩上的变化，中间点缀金属色泽的蓝色条纹，与标识的主题色做了呼应。

图9-57 电梯门厅
电梯厅再一次展现出设计师对细节的把控与新潮的设计思想，楼层数字直接被放大的中文文字所取代，繁体字在这里让空间充满了趣味。

图9-56 前厅两侧的休息区
前厅右侧设置的LED屏幕随时可以播放公司的作品，同时也起到提示入口的作用。

图9-58 前厅区域
前厅的吊灯用整体发光膜直接模拟了公司标识的形态。

　　在办公的功能空间布局上，设计师选择了开放式的员工位，布置这样的办公环境便于员工之间的交流；贯穿式的楼梯，连接三层办公区域，增强内部的空间感，楼梯采用了镜面不锈钢进行装饰，曲折的形态仿佛一条腾飞的巨龙盘旋于室内，这正好为该公司戏称自己是"威猛龙"给出了一个生动的表达。

图9-59　位于一楼的员工休息区
员工休息区是该空间设计中最为亮眼的地方。休息区的顶面用米色丝网吊装了开放吊顶区域，侧墙上部采用了金色玻璃马赛克，下部用金色马来漆，中间采用了对比色系的深蓝彩釉玻璃。同样的撞色也发生在家具的配置上，整体空间都笼罩在轻松惬意的氛围之下。

（a）

（b）

（c）

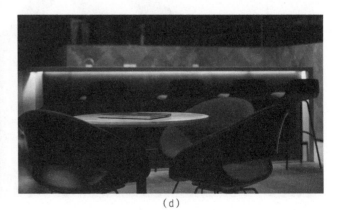

（d）

图 9-60 头脑风暴区（一）
设计师设置了多个头脑风暴区，分别命名为"禅""沙滩""Mafia"等。

（a）

（b）

（c）

　　一楼的吧台创造了足够大的社交空间，让员工可以在繁忙之余点一杯特调进行放松，配合暖色调的灯光和材质颜色，让人在这里可以得到休憩。员工休息区正对着办公园区的内院，休息的时候有着很好的景色。同时也很好地对外展示了良好的公司氛围及企业形象。

图 9-61　头脑风暴区（二）

思考与延伸

1.办公空间室内设计的案例基本呈现哪几种风格？

2.办公空间室内设计有哪些新的形态设计？根据自身的认知进行阐述说明。

参考文献

[1] 程大锦. 建筑形式空间和秩序. 第3版. 天津：天津大学出版社，2008.

[2] 彭一刚. 建筑空间组合论. 第3版. 北京：中国建筑工业出版社，2008.

[3] 朱晓斌，林之昊. 设计师的材料清单（室内篇）. 上海：同济大学出版社，2017.

[4] 《建筑设计资料集》编委会. 建筑设计资料集. 北京：中国建筑工业出版社，1994.

[5] [美]阿尔文·托夫勒. 第三次浪潮. 北京：中信出版社，2006.

[6] [美]约翰·奈斯比特. 大趋势. 北京：中华工商联合出版社，2009.

[7] 张德. 企业文化建设. 北京：清华大学出版社，2015.